중국 국방 혁신

| 김호성 지음 |

2049년, 중국의 국방력 건설은 완성된다.
지금 중국은 어디쯤 가고 있나?

매일경제신문사

머리말

21세기 초입만 해도 중국의 국방력은 형편없었다. 2000년에 미 국방부가 의회에 제출한 연례 보고서에서 당시 중국 인민해방군은 규모 면에서는 상당하지만, 재래식 군대 수준에 머물고 있다고 기술했다. 병력 구조와 전투 능력은 주로 국경을 따라 대규모 지상전을 벌이는 데에만 집중됐다. 지상군, 공군, 해군의 규모는 상당했지만 대부분 쓸모가 없었다. 재래식 미사일은 사거리가 짧았고 정확도가 낮았다. 정보 기술의 운용 능력은 뒤처져 있었고 사이버 능력은 걸음마 수준이었다. 우주 능력은 당시 시대에 뒤떨어진 기술을 기반으로 명목만 유지하는 정도였다. 중국의 방위 산업은 재래식 수준의 무기를 고품질 무기체계로 전환하기 위해 고군분투했다. 현대식 무기를 생산하거나 획득할 수 있다고 해도 이를 효과적으로 운용하는 데 필요한 조직과 능력이 부족했다. 이 보고서는 중국 군대가 조직적 장애물이 너무 심각해서 해결되지 않으면 세계적 수준의 군대로 성숙하는 것을 방해할 수 있다고 평가했다. 이 상태의 군대는 중국 공산당의 장기적인 야망에 부적합하다고 결론지었다. 중국 공산당의 목표는 중국을 '강하고 현대화된 통일된 부국'으로 만드는 것이다. 중국의 강렬한 정치적 열망에도 불구하고, 인민해방군은 현대전을 위한 능력, 조직 및 준비가 부족했던 것이다. 이후 중국은 이러한 결점을 이해했고 중국을 변화시키려는 열망에 상응하는 방식으로 군대를 강화하고 변화시키는 장기 목표를 설정하고 실행에 옮겼다.

22년이 지난 현재, 중국은 명확한 목표를 가지고 있다. 2049년 말까지 '세계 수준의 군대'를 만드는 것이다. 이 목표는 시진핑(習近平) 주석이 2017년에 처음 발표했다. 중국은 세계 수준의 군대가 무엇을 의미하는지 정의하지는 않았다. 그러나 지난 22년 동안 모든 면에서 군대를 강화하고 현대화하기 위해 자원, 기술 및 정치적 의지를 결집했다. 중국의 국가 전략에 따르면, 2049년까지 미군과 동등하거나 어떤 분야에는 더 우수한 국방력을 개발할 가능성이 있다. 실제 일부 영역에서는 이미 미국을 앞서고 있다. 예를 들어 중국은 세계에서 가장 큰 해군을 보유하고 있다. 130척 이상의 주요 수상함을 포함해 약 350척의 함정과 잠수함으로 구성된 전력을 갖추고 있다. 이에 비해 미 해군은 2020년에 약 293척을 보유하고 있다. 중국은 톤수 기준으로 세계 1위의 함정 생산국으로 건조 능력을 높이고 있다. 재래식 미사일 전력에서도 중국은 세계 최고 수준에 있다. 미사일 개발에 있어서 중국은 어떠한 국제적 협정에도 구속되지 않는다. 사거리가 500~5,500km인 지상발사 탄도미사일(GLBM)과 지상발사 순항미사일(GLCM)을 1,250기 이상을 중국은 전력화했다. 이에 반해 미국은 현재 사거리가 70~300km의 한 가지 유형의 재래식 지상발사 탄도미사일(GLBM)을 배치했고 지상발사 순항미사일(GLCM)은 없다. 이와 같은 예는 중국이 아시아 태평양에서 활동하는 미군에 대한 접근을 막고 거부할 수 있는 자산에 대한 능력의 강화와 관련이 있다. 중국의 양적인 성장도 놀랍지만, 더 주목해야 할 점은 따로 있다. 군대를 합동 작전에 더 적합하도록 완전히 재구성하고 새로운 작전 개념 도입, 전투 준비태세 개선 등 대대적인 노력이 현재도 진행형이라는 것이다.

미국은 중국의 급속한 군사력 성장에 방관하지 않았다. '신냉전 전쟁계획'으로 일컬어지는 '공해전(AirSea Battle)' 개념을 통한 구체적 노력은 21세기의 미국 입장을 대변한다. 공해전은 미국 군사 전략의 핵심 요소를 형성한 통합 전투 교리다. 2010년 2월에 이 교리가 공식화됐으며 2015년에 JAM-GC로 이름이 변경됐다. 큰 개념은 미 공군, 해군, 해병대가 합동 전력을 구축해 중국의 거부 전략을 무력화하고자 고안된 것이다. 무력화 대상은 중국의 잠수함, 위성 파괴 무기, 스텔스 전투기, 탄도 및 순항미사일, 사이버 공간 등이 해당한다. 이러한 노력은 미국의 제3차 상쇄 전략 및 국방 혁신 계획과 같은 새로운 연구 개발 계획을 통해 현재까지 진행되고 있다.

미 국방부는 미군 기술 우월성의 침식을 해결하기 위해 2014~2015년에 제3차 상쇄 전략과 국방 혁신 계획을 시작했다. 목표는 미군의 세계적 지배력을 되찾고 유지하기 위한 혁신적인 방법을 식별하고 투자하는 것이다. 상쇄 전략은 기술, 교리 및 조직 혁신을 활용해 경쟁국인 중국의 강점을 무효화하고 전략적 우위를 창출하고 유지하려는 평화시 경쟁 전략의 한 유형이다. 핵심은 현재 물량 위주의 국방력 판도를 바꾸는 기술을 개발하고 새로운 방식으로 접근함으로써 경쟁국의 군사력을 상쇄하려고 한다.

21세기 미·중 국방 전략 경쟁과 20세기 미·소 냉전 사이에는 유사점이 있지만 중요한 차이점도 있다. 미·소의 대결은 주로 양국 간의 이데올로기와 지정학(地政學)에 바탕을 둔 전략적, 군사적 경쟁이었고, 서로로부터 대체로 봉인된 동맹을 지원했다. 이에 반해 미·중 경쟁은 세계화된 상호 의존, 민간 및 국방 경계의 모호함, 그리고 지경학(地經學)

적 특성이 있다. 지경학이란 국가의 안보를 강화하기 위해 경제적 수단을 이용하거나 국가의 경제적 목표를 달성하는 데에 지정학을 수단으로 활용하는 것을 의미한다.

중국의 전략적 목표의 연속성을 고려해보면, 21세기 초부터 지금까지 중국의 행보는 향후 중국의 국가 전략과 군사적 열망의 방향성을 보여준다. 확실한 것은 중국 공산당이 목표로 하는 전략적 최종 상태를 가지고 있다는 점이며, 군대의 변화 속도가 매우 빠르다는 것이다. 아시아는 중국의 부상으로 인한 지정학적 전환 국면을 맞고 있다. 중국의 성장하는 국방력은 아시아뿐만 아니라 전 세계적으로도 영향력을 확대하고 있다. 그런데도 지난 20년 동안의 노력은 일부 문제점도 노출했다. 중국의 지도자들은 이러한 문제를 인식하고 있으며, 향후 30년 동안 현대화와 개혁을 통해 보완될 것으로 예상한다.

동북아의 지속하는 불안정한 상황에서 우리는 어떤 전략으로 미래에 대처해야 할까? 첨단 전투기를 더 많이 도입해야 맞는 것일까? 경항공모함을 더 빨리 도입해야 할까? 많은 고민을 가져다주는 질문이다. 이 질문에 대한 정답은 무기 도입과 같은 단순한 처방에 그치지만은 않을 것이다. 우리는 큰 그림을 그려야 한다. 이것이 바로 필자가 이 책을 집필한 이유다. 이 책은 중국 인민해방군에 대한 현재 진행되고 있는 사실 위주의 핵심 정보를 다각도에서 기술함으로써 독자 스스로 생각해볼 수 있도록 집필했다. Part 01에서는 국가적 차원에서 전략적 변화와 혁신에 관한 내용을 담았고, Part 02에서는 군 구조의 변화에 관한 내용을 담았다. Part 03에서는 주변국과의 협력과 대결적 측면을 기술했으며, Part 04에서는 전력 현대화에 관한 내용을 기술했다. 그리고 마지막 Part 05에서는 지난 20년간의 발자취를 바탕으로 미래의 변화 방향에 관해 설명했다.

중국 국방에 대한 중요한 국가 과제를 수행하기 위해 국내외에 존재하는 중국과 관련된 많은 자료를 열람했다. 아쉬운 점은 국내에 있는 대부분의 중국 관련 자료들은 중국 정치에 초점을 두고 있었다. 그래서 비록 부족하지만 수집한 자료들을 정리해서 책으로 엮을 것을 결심했다. 집필하면서 최대한 개인적인 사견보다는 객관적 내용을 담으려 노력했다. 그런데도 군사 관련 내용 특성상 정확하지 않은 정보가 포함되어 있을 수 있고, 임의 해석도 일부 녹아 있을 수 있음을 밝힌다. 필자는 이 책에 기술된 내용이 중국 국방에 대한 집필의 시작점이라고 생각한다. 향후 더 발전된 내용을 다루는 중국 국방 관련 국내 출판물들이 많이 나오기를 희망한다. 많은 사람이 관심을 가지고 자료와 정보들이 서로 공유될 때 우리나라 안보도 더 튼튼해지리라 믿어 의심치 않는다. 미력하나마 이 책이 우리나라 미래 국방력 방향성을 설정하는 데 도움이 되길 바란다.

김호성

차례

PART
01

군사 전략 혁신

01

중국의 국가 전략 :
중화민족의 위대한 부흥을 꿈꾸다

지난 2019년에 중화인민공화국(이하 중국)은 건국 70주년을 맞았다. 2019년 10월 1일, 시진핑(習近平) 주석(책임의 맥락에서 의장 또는 총서기라고도 함)은 베이징에서 건국기념일 행사를 주재했다. 그는 중국 공산당 지도자들과 외국 고위 인사들을 포함한 군중 앞에서 대규모 군대를 집결시키고 연설을 시작했다. 마오쩌둥(毛澤東)이 중국 건국을 선언했던 같은 자리에서 그는 지난 세기에 중국이 겪었던 굴욕과 불행을 종식한 지 70년이 됐다고 언급했다. 시 주석은 "중국 인민은 일어서서 위대한 민족 부흥의 여정을 시작했다"라며, "오늘 사회주의 중국은 세계의 동쪽에 서 있고, 이 위대한 민족의 기반을 흔들 수 있는 세력은 없다"라고 말했다.

중국의 국가 전략은 '중화민족의 위대한 부흥'을 실현하는 것이다. 우리가 이것을 알아야 하는 이유는 중국의 군사 전략의 방향을 이해하는 데 필수적이기 때문이다. 시 주석이 '중국몽(中國夢)'이라고 부르는 이 전략은 중국을 세계 무대에서 번영과 패권국의 위치로 회복하려는 국가적 열망이다. 지금까지 중국 공산당 지도부는 국가 부흥이라는 목표를 일관되게 추구해왔다. 그 속에서 기회를 포착하고 전략에 대한 위협을 관리하기 위해 실행에서 어느 정도 전략적 적응성을 보여주었다.

중국은 국가 부흥을 '부강하고 민주적이며 문화적으로 선진화하고 조화로운 국가'로 정의한다. 지도자들은 전략의 실행이 광범위한 국가적 노력으로 실현된다고 믿는다. 중국의 국가 전략 속에는 정치, 경제, 국가 안보, 외교, 사회, 교육, 과학 기술, 문화 그리고 국방 등 다양한 문제를 포함한다. 중국 공산당 지도자들은 흔히 이런 방식으로 중국의 '포괄적인 국력'을 건설하는 것으로 언급한다. 이 속에는 중국을 '주도적 위치'로 만들 국력의 내부와 외부 요소를 축적, 개선 및 활용하기 위한 신중하고 단호한 노력이 수반된다.

중국은 언제부터 '중화민족의 위대한 부흥'이라는 표현을 써 왔을까? 중국 국가 부흥의 기원을 이해하는 것은 중국이 이 전략적 목표를 어떻게 형성하고 추진할 것인지 이해하는 데 중요하다. 중국 공산당이 '중화민족의 위대한 부흥'이라고 정확히 표현한 것은 1980년대 후반에 처음 나타났다. 그 이전에도 중국 지도자들은 19세기에 시작된 중국의 '굴욕의 세기' 이후 중국을 세계에서 가장 뛰어난 위치로 복귀하려는 노력을 일관되게 표현해왔다. 이는 청나라(1616~1912)가 무너지기 시작하면서 1949년 중국이 건국될 때까지 지속했다. 즉 중국 공산당은 1920년 전부터 중국 재건의 명분을 옹호해왔다. 시 주석은 종종 중국 공산당이 국가 부흥의 위업을 확고히 하고 있으며, 이를 당의 '본래 염원'이라고 표현해오고 있다. 그리고 시 주석은 2013년 당 중앙위원회 연설에서 "사회주의만이 중국을 구할 수 있고, 중국 특색 사회주의만이 중국을 발전시킬 수 있다"라고 말했다. 당 지도부는 중국 특색 사회주의와 중국 공산당을 중국이 역사적 상황을 극복하고 민족적 부흥을 달성하는 데 없어서는 안 될 존재로 규정하고 있다. 공산당의 지도력과 체제는 중국의 힘, 번영, 위신을 유일하게 회복시킬 수 있다. 사회주의의 길에서 벗어나는 것은 혼돈을 초래하고, 중국은 역사적 사명에서 뒤처진다는 암묵적인 경고와 함께 공산당이 강조된다.

당 지도자들은 최근 수십 년 동안 중국 경제에 시장 기능을 도입했다. 그러나 그들은 사회주의 이념을 포기했거나 비이념적 형태의 통치 방식으로 표류했다는 생각을 단호히 거부한다. 중국은 4대 기본원칙에 따라 국가를 발전시켜야 한다고 강조한다. 이는 사회주의 국가건설, 공산당 지도, 인민독재 및 마르크스·레닌주의와 마오쩌둥 사상을 주요 골자로 한다. 덩샤오핑이 처음 언급하고 나중에 중국 공산당 헌법에 기록됐다. 4대 기본 원칙은 당이 추구하는 정치와 통치 개혁의 기초이자 국가를 개량하고 개방하려는 노력의 외부 경계다. 시 주석은 2014년 당 간부들에게 "국가 통치 시스템과 역량의 현대화를 추진하는 것은 확실히 서구화나 자본주의가 아니다"라고 말했다. 그는 중국의 통치체제 전반에 걸쳐 당의 우위를 강화하고 중국의 정치, 경제 및 사회 문제를 보다 효과적으로 관리함으로써 중국 전략을 발전시키려 한다. 중국 공산당의 제도적 역량을 강화하고 당의 전략적 역할을 수행하기 위한 수단으로 내부 단결을 강조하는 것은 시 주석의 재임 기간의 두드러진 점이 됐다.

02

국가적 주요 이정표

중국의 전략은 모든 측면에서 국가 현대화를 위한 목표, 우선순위 및 이정표를 설정하고 국가 부흥을 달성하기 위한 장기 계획 프로세스를 수반한다. 최종 목표는 2049년까지 '중화민족의 위대한 부흥'을 달성하는 것이다. 여기에는 전반적인 발전을 촉진하고 군사력을 강화하며 국제 문제에서 더욱 적극적인 역할 수행을 강화하기 위한 계획이 포함된다. 시진핑이 2017년 19차 당 대회에 제출한 보고서에서도 중앙위원회가 야심 찬 정책 이정표를 설정하고 제시한 방향에 따라 이 목표를 계속 추진했다. 중국의 관점에서 볼 때, 그들은 현재 '고도로 발전된 사회주의 체제'로 이행해야 하는 발전 궤적 속에 있다. 이 궤적에는 당 지도부의 리더십 속에 점진적이고도 체계적인 현대화와 발전의 여러 단계를 포함한다. 이 단계는 당의 장기 계획 과정에 의해 결정된 목표와 우선순위를 수반하는 이정표로 중국 전략의 단계를 구분한다.

2035년, 2049년은 중요한 이정표

시 주석은 2017년 19차 당 대회에서 중국의 발전을 언급하며 "경제와 기술, 국방 능력, 종합적인 국력 면에서 주도적 위치를 차지했다"라며, 지금은 "신시대로의 문턱을 넘었다"라고 했다. 중국이 '신시대'에 진입했다는 시진핑의 선언은 전략적 목표의 변화가 아니라 중국의 발전이 다음 도전 과제를 해결하기에 충분하다는 확신의 표방이었다. 시 주석은 '공산당 100주년'인 2021년과 '건국 100주년'인 2049년을 상징적으로 부각했다. 그는 이 두 가지 중요한 100주년 이정표와 연결시켜 국가 부흥을 달성하기 위한 광범위한 계획을 제시했다. 두 기념일 사이의 긴 간격을 메우기 위해 시진핑은 2035년 잠정 목표를 추가하고, 2049년에 도달하기 위한 광범위한 2단계 현대화 계획을 제시했다. 중국은 2021년에 '모든 면에서 소강사회(小康社會, 모든 국민이 풍족한 생활을 누리는 사회)' 건설을 완료하는 것이 목표라고 했다. 2020년 6월 1일, 시 주석은 "우리는 이미 소강사회를 전면적으로 건설하는 목표를 기본적으로 실현했다"라고 선언했다. 이 선언은 중국의 발전이 다음 단계에 진입하는 데 충분하다는 중요한 신호를 주었다. 소강사회의 구체적 수치로써 2020년 국내총생산(GDP)을 2010년의 2배로 늘리겠다는 공언이었다. 2010년 중국 1인당 국내총생산(GDP)은 4,551달러였고, 2019년에는 10,276달러로 이미 2배가 넘는 수준으로 목표를 달성했다.

2021년부터 2035년까지의 1단계 계획에서는 사회주의 현대적 강대국이 되기 위한 '초기 문턱'을 기본적으로 충족시키는 것을 목표로 하고 있다. 이 단계에서 중국은 지난 과거와 연속선상에서 경제 발전을 중심 과제로 우선시하고 있다. 이와 더불어 중국 사회의 새로운 주요 모순으로 인식한 불균등한 경제 발전과 불평등을 해결하려고 한다.

2035년까지 중국은 경제와 기술 역량을 강화해 혁신의 글로벌 리더가 되고, 문화적 소프트 파워와 국내 법치와 거버넌스 시스템을 개선하는 것을 목표로 한다. 군사적 측면에서도 '현대화를 기본적으로 완성'하는 것이 목표다.

2035년부터 2049년까지의 두 번째 단계에서는 발전을 마무리해 국가 부흥을 달성하는 것을 목표로 한다. 이는 시 주석이 '종합적인 국력과 국제적 영향력 면에서 글로벌 리더'로 설명하는 국제적 위상을 실현하게 되는 단계다. 군사적 측면에서도 '세계 수준의 군대'를 배치한다는 목표를 달성한다. 전반적인 외교 정책 목표인 '인류 공동 운명체'를 수립하려는 수정된 국제 질서 내에서 주도적 위치를 차지하게 될 것이다.

03

국방 정책 : 중국의 주권, 안보, 발전이익의 보호

중국의 가장 최신의 국방백서는 2019년에 발표됐다. 국제 및 아시아 태평양 안보 환경에 대한 중국의 견해를 설명하고 국방 정책에 관한 내용이 포함되어 있다. 국제 환경은 "한 세기 동안 보지 못한 심오한 변화를 겪고 있다"라고 기술했고, "성장하는 패권주의, 권력 정치, 일방주의 및 끊임없는 지역 갈등과 전쟁으로 인해 국제 시스템이 약화되고 있다"라고 했다. 군사적 측면에서도 글로벌 군사 경쟁이 심화하고 있다. 미국이 안보 및 군사 전략을 조정하고 군대를 재편하며 군사 경쟁에서 전략적 지휘권을 장악하기 위해 새로운 유형의 전투력을 개발하고 있다. 중국은 "국제 전략 경쟁이 증가하고 있다"라고 결론을 내리고, 단기적으로 불안정성의 원인이 증가할 것으로 봐서 깊은 우려를 표명했다. 이러한 맥락에서 미국을 글로벌 불안정의 '주요 선동자'이자 '국제 전략 경쟁의 동인'이라고 비판했다. 중국 지도부는 중국에 대한 미국의 정책을 중국의 국가 전략에 영향을 미치는 중요한 요소로 보고 있다. 당 지도자들은 국제 체제의 구조적 변화와 점점 더 대립적인 미국이 주도하는 전략적 경쟁이 심화함을 인식한다. 이는 체제 간 경쟁에 대한 견해를 바탕으로 미국이 중국의 부흥을 막으려 한다는 당의 오랜 의견과 일치한다.

중국의 국방 정책은 국제적 전략적 환경에서 중국의 주권, 안보, 발전이익을 단호하게 보호하는 것이다. 이는 중국 고위 지도자들의 과거 성명과 기타 공식 문서와의 연속선상에 있다. 과거의 국방백서와는 다르게 2019년 백서에서는 당의 광범위한 사회 및 외교 정책 목표에 대해 중국 인민해방군(이하 중국군)의 지원을 명시적으로 강조한다. 시 주석이 2017년 19차 당대회에서 설정한 국가 목표와 중국군을 일치시키는 점과 동일한 관점이다. 예를 들면 중국군이 "중국의 국가 부흥의 중국꿈, 인류의 공동 미래 건설 실현을 위해 강력한 전략적 지원을 제공할 준비가 되어 있어야 하고 더 큰 기여를 할 것이다"라고 명시한 부분이다. 여기에 더해 주목할 점은 중국의 국방 정책과 외교 정책 간의 명시적인 일치가 증가하고 있다는 점이다. 주로 해외 이익을 보호하고, 다른 국가와의 전략적 동반자 관계를 발전시키는 중국군의 역할과 관련되어 있다.

04

국방력 건설 이정표 :
국가 부흥 이정표와 함께 한다

중국군을 강화하려는 야심은 2049년까지 '중화민족의 위대한 부흥'을 달성하려는 중국의 국가 전략과 깊이 연관되어 있다. 당 전략의 맥락에서 중국군의 현대화는 단순히 정책적 선호나 시간이 지나면서 그 중요성이 사라질 수 있는 일시적인 노력이 아니다. 오히려 중국의 발전을 위한 당의 국가 전략의 불가결한 요소다. 2017년 시 주석은 19차 당 대회 업무보고에서 중국군에 전방적인 군사투쟁을 준비할 것을 촉구하고, 군대가 중국의 국가 부흥을 달성하는 데 필수적이라고 말했다. 그리고 국가 전략과 맥을 같이하는 2단계 중국군 현대화 목표를 제시했다. 2035년까지 군 현대화를 '기본적으로 완료'하고, 2049년까지 '세계 수준의 군대로 전환'하는 것이다. 중국 지도자들은 중국을 '현대 사회주의 대국'으로 부흥시키기 위한 전략의 필수 요소로서 2049년 말까지 중국군을 세계 수준의 군대로 강화하는 것이 필수적임을 강조한다.

중국 공산당은 2049년 말까지 세계 수준의 군대로 전환하겠다는 야망이 무엇을 의미하는지 정의하지는 않았다. 그러나 중국의 국가 전략의 맥락에서 2049년까지 주권, 안보 및 발전이익에 대한 위협으로 간주하는 미군이나 다른 강대국의 군대와 동등하거나 어떤 경우에는 우월한 군대를 가지려고 할 것이다. 현재 중국의 원대한 야망을 감안할 때, 중국이 미국이나 다른 잠재적 경쟁자보다 군사적으로 열등한 위치에 머물러 있는 상태를 군사력 현대화 목표로 하지는 않을 것이다. 중국이 낮은 목표를 가지거나 영구적인 군사적 열등 조건을 기꺼이 받아들이는 것은 현대 사회주의 위대한 국가가 되려는 근본적인 목적에 부합해 보이지는 않는다. 그렇다고 불명확한 야망이 미군을 모방하는 것을 목표로 한다는 것은 아니다. 중국은 국가의 이익을 수호하고 발전시키기 위한 당과 중국군의 요구가 변화하는 전쟁 성격에 가장 적합한 방식으로 세계 수준의 군대를 만들려고 노력할 것이다.

새롭게 추가된 2027년 이정표

2020년에 중국군은 2027년 군 현대화를 위한 새로운 이정표인 '지능화'를 추가했다. 이 목표는 2020년 말까지 중국군의 기계화를 전반적으로 완성하고 정보화를 향한 중대한 진전을 달성하는 목표에 추가되는 개념이다. 지능화는 모든 수준의 전쟁에서 인공지능과 첨단 기술의 확장된 사용으로 정의된다. 이는 기계화, 정보화 및 지능화의 통합개발 범주 내에서 중국군의 특정 기술 개발에 집중하고 있음을 의미할 수 있다. 여기에는 인공지능, 기계 학습 등과 같은 기술 개발일 가능성이 크다. 중국군 대변인은 2027년 목표가 중국군이 군사 이론, 군사 조직 무기 및 장비의 현대화를 전면적으로 추진해야 함을 의미한다고 강조했다. 이 점을 볼 때 새로운 기술 개발도 포함되어 있음을 알 수 있다. 2019년 국방백서에서도 정보화 전쟁에 대한 대비와 함께 지능화 전쟁의 시대가 도래했다고 시사했다. 이러한 발전이 실현된다면, 대만과의 우발 상황을 포함해 중국에 더 신뢰할 수 있는 군사적 옵션이 제공된다고 볼 수 있다.

여기서 짚어봐야 할 것은 과거 2020년 군사 목표다. 이 목표의 달성 여부에 대한 다양한 이견이 있다. 2019년 10월 제70회 국경절 열병식에서 DF-41 대륙 간 탄도미사일(ICBM), DF-17 극초음속 미사일, WZ-8 고속 정찰 무인 항공기 등 다양한 무기체계 플랫폼을 전 세계에 공개하면서 군사 현대화 상황을 홍보했다. 그러나 앞서 언급한 2020년까지의 국방 목표였던 기계화와 정보화를 전반적으로 완성하는 것이 일부 완료가 안 됐을 가능성이 크다. 2019년 국방백서에서는 중국군이 "기계화와 정보화가 일정보다 늦어지고 있다"라고 언급했으며, 2020년 말까지 이 목표를 달성할 가능성이 작음을 시사했다. 2015년부터 2020년까지 완료하기로 계획한 군 구조 개혁 진행 상황에서도 이 목표가 완료되지 않았음에 대한 추측을 가능하게 한다. 군의 관리들은 군 구조 개혁이 2021년 또는 2022년에 최종적으로 마무리될 것이라고 밝힌 적이 있다. 이를 바탕으로 볼 때, 군의 기계화나 정보화도 1~2년 정도 뒤처져 있을 수 있다. 2017년 육군의 날 행사에서 시 주석이 중국군은 이미 기계화를 달성했으며, 정보화를 향해 급속한 진전을 이루었다고 발표한 것과 대조적이다. 2019년 백서의 설명이 더 정확할 가능성이 있으며 기계화를 달성하고 정보화를 향한 상당한 진전을 이루려는 2020년 목표가 충족되지 않을 수 있음을 나타낸다. 중국에서 말하는 두 가지 목표인 기계화와 정보화가 구체적으로 무엇을 의미하는지에 대한 정의는 명확하지 않다.

[자료 1-1] DF-17 극초음속 미사일과 WZ-8 고속 정찰 무인 항공기

SOURCE : Military Watch Magazine

05

군사 전략 :
능동 방어

중국의 군사 전략은 작전 및 전술 수준에서의 공격 행동과 함께 전략 방어의 원칙을 포함하는 개념인 '능동 방어'를 기반으로 한다. 원래 '능동'이라는 단어는 방어보다는 공격에 더 적합한 단어인데, 이 말은 마치 모순처럼 들리기도 한다. 능동 방어는 순전히 방어적인 전략이 아니며, 영토 방어에 국한되지 않는다. 능동 방어는 공격적 측면과 선제적 측면을 포괄한다. 능동 방어는 무력충돌을 피하되 도전을 받으면 강력하게 대응한다는 원칙에 근간을 두고 있다. 웨이펑허(魏鳳和) 국무위원 겸 국방부장은 2019년 제9차 베이징 상산 포럼 연설에서 "중국은 우리가 공격받지 않으면 공격하지 않을 것이지만, 공격을 받으면 반드시 반격할 것이다"라고 말했다. 이는 능동 방어의 원칙을 되풀이한 것이다. 2019년 국방백서는 능동 방어를 군사 전략의 기초로 재확인했다. 국방백서도 이 원칙을 "공격하지 않으면 공격하지 않지만, 공격을 받으면 반드시 반격한다"라고 설명하고 있다. 능동 방어는 공격에 대한 방어적인 반격을 수반하거나 공격할 준비를 하는 적을 선제적으로 공격할 수 있다.

1930년대 중국 공산당이 처음 채택한 능동 방어 개념은 1949년 건국 이후 중국의 군사 전략의 기초가 됐다. 이후 원칙은 일관되게 유지되어왔다. 능동 방어의 개념은 몇 가지 특징이 있다. 첫째, 전략적 방어와 작전 및 전술 공격을 결합한다. 이는 전략적으로는 방어적이지만, 작전적으로는 공격적인 개념을 의미한다. 일단 적이 전략적 수준에서 중국의 이익을 손상시키거나 그 의도가 있다고 판단되면 작전적 또는 전술적 수준에서 방어적으로 대응하는 것이 정당화될 것이라는 개념에 뿌리를 두고 있다. 이 속에는 적이 아직 공격적인 군사 작전을 수행하지 않은 상황도 포함한다. 이는 방어와 공격을 번갈아 사용한다는 마오쩌둥의 개념에 영향을 받은 전쟁에 대한 두 가지 접근 방식을 제공한다. 능동 방어는 적과 접하고 있는 전투지경선을 따라 전략적 방어를 지원하는 공격 작전, 작전 및 전술적 행동을 포함할 수 있다. 나아가 적을 약화하고 승리를 확보하기 위해 전략공격으로 전환할 수 있는 여건을 마련하는 것이다. 이 측면은 작전 및 전술 수준에서 공세의 효과적인 사용을 강조한다. 핵심은 적의 강점을 피하고 적의 약점에 대해 비대칭 이점을 구축해 열등한 것을 우월한 것으로 바꾸는 것에 집중함으로써 작전 주도권을 잡는 것이다. 둘째, 모순 또는 대립을 근본원리로 사물의 운동을 설명하려고 하는 논리에 기반을 둔다. 이 의미는 전쟁의 딜레마를 해결하려고 한다. 전쟁에서 무력을 너무 적게 사용하면 전쟁을 중지하는 대신 전쟁을 지연시킬 수 있고, 무력을 너무 많이 사용하면 전쟁을 악화시킬 수 있다.

중국은 능동 방어 개념을 전략적으로 상시 염두에 두고 있다. 센카쿠 열도를 둘러싼 일본과의 분쟁에 대한 중국의 접근 방식은 이러한 개념을 부분적으로 보여준다. 중국은 2012년에 일본이 개인 소유주로부터 섬을 구매한 것이 중국의 주권 주장에 대한 심각한 침해인 불법 행위라고 판단했다. 이후 일본의 섬 점유에 도전하기 위해 군사 자산과 법 집행을 모두 적극적으로 활용해왔다. 중국군은 아직 섬 주변의 일본군에 대한 군사적 공격을 수행하지 않았다. 그러나 일본이 분쟁을 더욱 악화시켰다고 인식한다면, 중국의 능동 방어 개념은 중국의 공격을 잠재적으로 정당화할 수 있다.

능동 방어의 개념을 담고 있는 군사 전략의 기초에는 '군사 전략 지침'이 있다. 당 중앙군사위원회 주석은 중국 군사 전략의 기초를 제공하는 군사 전략 지침을 중국군에 발행한다. 군사 전략 지침은 중국의 전략적 목표를 지원하는 무력 사용에 대한 개념과 일반 원칙을 설정한다. 여기에 더해 군이 직면할 위협과 조건에 대한 지침, 계획, 현대화, 전력 구조, 그리고 전투준비 지침을 제공한다. 중국은 안보 환경에 대한 당의 인식이나 전쟁 성격의 변화에 따라 새로운 군사 전략 지침을 발표하거나 기존 지침을 수정한다. 새로운 군사 전략 지침은 군의 우선순위를 전환한다. 최근 내부적인 변화의 필요성에 따라 군사 전략 지침이 수정된 것으로 보인다. 2017년 19차 당 대회에서 시 주석이 강조한 글로벌 군사경쟁 심화, 기술변화의 속도 증가, 군사 현대화 등의 내용이 포함된 2019년 백서의 지침 변경을 반영했을 것이다. 2019년 초에 중국 관영 매체는 중국이 신시대의 군사 전략 수립을 위한 고위급 회의를 개최했다고 밝혔다. 2019년 하반기에는 이러한 주제를 되풀이하고 군사 전략 지침을 주목할 만한 변화가 있는 것으로 설명했다.

06

반접근/지역거부(A2/AD) 능력 : 제삼자의 개입 저지

중국군은 대만과의 마찰과 같은 대규모 사태 동안 중국이 제삼자의 개입을 저지하거나 무력화할 수 있는 군사 옵션을 제공할 수 있는 능력을 개발하고 있다. 미국은 이러한 집합적 능력을 A2/AD 능력이라고 부르고, 중국은 이를 반개입 능력이라고 한다. 이는 해양력이 열세한 세력이 강한 세력을 상대로 펼치는 해전을 거부하는 형태다. 미국이 2000년경부터 중국의 서태평양 영역지배 전략을 부르는 명칭이기도 했다. 중국은 오랫동안 아시아 대륙에 초점을 맞추었지만, 최근 수십 년 동안 점점 더 해양 지향적 태도를 보이고 있다. 해군력과 미사일 및 요격무기와 같은 능력으로 미국과 동맹국들을 자극한다.

중국의 A2/AD 능력과 함께 따라다니는 개념이 섬을 연결한 선, 즉 '도련선(島鏈線)'이다. 이는 1982년 중국군 해군사령관 류화칭(劉華清)이 설정한 해상 방어선에서 유래된 개념이다. 그는 도련선이라는 도서들을 기반으로 한 방위라인을 설정해서 해양세력의 접근차단거부를 목표로 했다. 도련선은 태평양의 섬을 [자료 1-2]와 같이 사슬처럼 이은 가상의 선으로, 중국 해군의 작전 반경을 의미한다. 제1도련선은 쿠릴 열도에서 시작해 일본, 대만, 필리핀, 말라카 해협에 이르는 선으로 중국 본토 가까이 있다. 제2도련선은 오가사와라 제도, 괌, 사이판, 파푸아뉴기니 근해를 연결하는 중국 본토에서 먼 선이다. 실제 제3도련선도 있지만, 대외적으로 공표하는 것은 제2도련선까지다. 제3도련선은 알류샨 열도, 하와이, 뉴질랜드 일대를 연결한다. 그 목적은 서태평양 전역에 대한 장악으로, 최종적으로는 미국과 태평양을 반분하겠다는 의미가 담긴 것으로 알려져 있다.

[자료 1-2] 제1도련선과 제2도련선

시대가 흐를수록 중국이 구상하는 해양 영역이 점차 확대되고 있다. 1949년 이래 중군 해군의 초점은 여러 단계를 거쳐 외부로 발전해왔

다. 중국 군사과학원에서 발행한 저널인 중국 군사 과학(China Military Science)의 2012년 논문에 네 가지의 방어 개념이 나온다. 즉 '해안선과 하천(Coastline and River)', '연안(Littoral)', '근해(Near Seas)', '원해(Distant Seas)' 방어다. 해안과 연안에 대한 초기 초점은 1980년대에 근해 방어 개념으로 바뀌었다. 2000년 당시 장쩌민 주석의 지시에 따라 근해에서 원해 방어 개념으로 점진적으로 확장하기 시작했다. 2015년에는 중국 국방백서가 공식적으로 중국 해군의 초점을 근해에서 근해와 원해의 조합으로 전환할 것이라고 공식 발표하면서 진화가 계속됐다. 이를 바탕으로 볼 때, 중국 군사 문서에 자주 등장하는 근해 수역은 중국의 해안선과 제2도련선 사이의 영역으로 보는 것이 합당해 보인다. 많은 미국 분석가들은 중국 해군의 주요 임무는 전략이 어떻게 바뀌는지에 상관없이 계속 중국의 근해 수역이 될 것이라고 강조한다. 이는 중국의 현재 군사 전략뿐만 아니라 준비태세에 의해서도 입증된다. 중국의 전투함에 대한 현대화 우선순위는 근해에 대한 강조를 반영한다. 2005년부터 대략 100여 척 수상함과 잠수함을 진수하면서 빠른 속도로 새로운 해군 함정을 건조하고 있다. 이는 최근 몇 년 동안 다른 국가의 생산량을 능가했지만, 퇴역하는 함정 때문에 수치상으로는 큰 증가세가 없는 것으로 보일 수 있다. 그 결과, 중국 해군의 구성은 1990년 이후 핵추진 잠수함(SSN)의 비중이 약간 감소하고, 구축함과 호위함의 비중이 증가한 것을 제외하고는 크게 변하지 않은 것처럼 보인다.

중국의 A2/AD 능력은 현재 제1도련선 내에서 가장 강력하지만, 제2도련선까지 작전을 수행할 수 있는 상당한 능력을 배치하기 시작했다. 그리고 태평양과 전 세계로 더 멀리 도달할 수 있는 능력을 강화하려고 노력하고 있다. 이러한 능력은 통합 방공 체계(IADS), 장거리 정밀 타격, 수상 및 해저 작전, 항공 작전, 정보 작전, 우주 및 대(對)우주 작전, 사이버 작전 등 포괄적인 영역에 걸쳐 있다.

먼저, 중국은 육지와 해안에 강력하고 이중화된 통합 방공 체계를 가지고 있다. 이 속에는 광범위한 조기 경보 레이더, 다양한 지대공미사일(SAM) 체계, 전투기 등이 포함된다. 추가로 남중국해의 전초 기지에 레이더와 방공 무기를 배치해 통합 방공 체계의 범위를 더욱 확장했다. 중국군은 고유의 HQ-9와 후속 HQ-9B, 러시아산 S-300PMU와 S-300PMU1 및 S-300PMU2를 포함해 점점 더 많은 고급 장거리 지대공미사일(SAM)을 보유하고 있다. 이것들은 적의 모든 항공기와 저공비행 순항미사일 모두로부터 보호막을 형성해준다. 다만 HQ-9는 전술탄도미사일에 대한 지점 방어를 제공하는 능력이 제한적일 가능성이 있다. HQ-19는 3,000km급 탄도미사일에 대한 요격 능력을 검증하기 위한 시험을 거쳤다. 이는 중국 서부전구에서 예비 전력화가 됐을 가능성이 있다. 추가로 전략적인 방공망을 개선하기 위해 S-300 후속으로 러시아제 S-400 트리움프(Triumf) 지대공미사일(SAM) 시스템을 보유하고 있다. S-400은 다른 시스템보다 더 긴 최대 사거리, 향상된 미사일 시커(Seeker)와 더 정교한 레이더를 갖추고 있다. 그리고 KJ-500 및 KJ-2000과 같은 중국 공군의 공중조기경보통제기는 중국의 레이더 범위를 지상 레이더 범위를 훨씬 넘어 확장할 수 있다. 지상에서는 첨단 현대식 수동 레이더 시스템과 능동 위상 배열 초지평선(OTH) 레이더를 개발하고 배치했다. 중국은 탄도미사일 방어(BMD)를 지원하고 스텔스 항공기를 탐지할 수 있다고 주장하는 JY-27A와 JL-1A 모델을 포함해 다양한 장거리 표적 탐지 레이더를 제조한다. JL-1A은 다중 탄도미사일의 정밀 추적이 가능한 것으로 대외 광고하고 있다.

[자료 1-3] HQ-9와 HQ-19 지대공미사일(SAM)

SOURCE : MDAA, Army Recognition

[자료 1-4] S-300과 S-400 지대공미사일(SAM)

SOURCE : Voakorea, MEI

[자료 1-5] KJ-500과 KJ-2000 공중조기경보통제기

SOURCE : Wikipedia

중국은 장거리 정밀 타격 능력에서도 탁월하다. 중국의 군사 현대화 노력은 미사일 전력을 빠르게 변화시켰다. DF-26은 해상 표적은 물론, 괌에 있는 미군 기지와 같은 지상 표적에 대해 정밀하게 재래식 또는 핵 공격을 수행할 수 있다. H-6K 폭격기는 공중발사 지상공격 순항 미사일(LACM)로 괌을 사정할 수 있는 중국의 능력을 보여준다. 지상공격 순항미사일(LACM)은 055형 구축함과 같은 수상 플랫폼에도 배치될 수 있다. 중국군은 현대전의 잠재적 취약성을 항공모함과 같은 전력 투자 자산, 군수 시설, 항만 시설, 통신 및 기타 지상 기반 시설로 보고 있다. 이러한 이유로 공격용 자산과 더불어 전략, 작전 및 전술 수준에서 정찰, 감시, 지휘, 통제 및 통신 시스템에 투자한다. 여기에는 타격 플랫폼에 대한 충실도가 높은 초지평선(OTH) 표적 정보를 제공하려는 노력이 결합된다.

[자료 1-6] DF-26 중거리 탄도미사일과 H-6K 폭격기

SOURCE : Missile Threat, China Military

중국은 수상전과 해저전에 대한 준비도 진행 중이다. 중국군은 특히 제1도련선 내에서 해양 우위를 확보할 수 있도록 일련의 공격과 방어 능력을 계속 구축하고 있다. 그리고 더 먼 거리에서 제한된 전투력을 투사하는 방향으로 발전하고 있다. 중국은 광범위한 항공기, 대함 순항 미사일(ASCM), 함정, 잠수함, 어뢰 및 기뢰 등을 통해 작전 지역에 접근하는 적에 대해 점점 더 치명적인 위협을 생성할 수 있다. 중국군은 대함 순항미사일(ASCM)을 군사 분쟁을 형성하는 점점 더 강력한 수단으로 간주한다. 미·중 경제 안보 검토위원회는 "대함 순항미사일(ASCM)

을 장착한 중국 해군의 다양한 플랫폼은 가까운 바다와 그 너머에서 다층 지역 거부 능력을 제공한다"라고 평가했다. 실제로 중국 해군의 잠수함에는 대함 순항미사일(ASCM)이 장착되어 있으며, 최근까지 대부분의 수상 함정에도 장착된 것으로 보인다. 중국 해안에서 1,500km 이내에 있을 때 적의 항공모함을 위험에 빠뜨리도록 설계된 DF-21D 대함 탄도미사일(ASBM)을 실전 배치했다. 중국군은 중거리 탄도미사일(IRBM) DF-26(사거리 약 4,000km)의 대함 탄도미사일(ASBM) 개량형도 보유하고 있다. 중국의 수중 영역에서의 능력도 점차 발전하고 있지만, 강력한 심해 대잠전 능력은 여전히 부족하다. 중국은 해저 환경에 대한 중국의 정보를 향상할 수 있는 해저 모니터링 시스템을 설치하고 있다. 그러나 정확한 표적 정보를 수집하고 제1도련선 너머의 해역에서 성공적인 공격을 위해 무기체계에 그 정보를 정확하게 전달할 수 있는지는 불분명하다.

중국은 다양한 전투기를 운용하고 있다. 4세대 러시아제 Su-27/Su-30 및 J-11A와 국산 J-10A/B/C, J-11B, J-16 전투기를 주력으로 운용한다. 신형 5세대 전투기인 J-20과 J-31은 공대공 능력을 강화한다. 이들은 높은 기동성, 스텔스 기능뿐만 아니라 향상된 상황 인식, 레이더 추적 및 표적화 기능, 통합 전자전 시스템 등을 제공하는 첨단 항공전자공학과 센서를 갖추고 있다. 이 중에서 J-20, J-16 및 J-10C 전투기는 KJ-500 공중조기경보통제기와 함께 운용될 시 서태평양 전역에서 장거리 A2/AD와 대공 작전을 가능하게 한다. H-6 계열의 폭기기의 개량형은 다양한 작전을 할 수 있다. 공중 급유 기능을 추가한 H-6N의 도입으로 작전 범위와 시간을 연장했다. Y-20 대형 수송기의 새로운 공중급유기 버전인 Y-20U를 개발 및 시험 비행 중이며, 이를 통해 공중급유 능력을 크게 확장하고 전력 투사 능력을 향상할 것이다. 양 날

개에 각각 최대 4발의 YJ-12 대함 순항미사일(ASCM)을 탑재할 수 있었던 기존 H-6G 폭격기는 H-6J 폭격기로 개량됐다. H-6J 폭격기는 최대 6발의 정밀유도 CJ-20 지상공격 순항미사일(LACM)을 탑재할 수 있어 멀리 괌까지 미군과 교전할 수 있다. H-6K 폭격기는 최대 6발의 정밀유도 CJ-20 공대지 순항미사일(ALCM)을 탑재해 괌을 타격할 수 있다. 2016년부터 H-6K 작전 지역을 서태평양과 남중국해로 꾸준히 확대해왔다. 중국은 대만을 견제하고 위협하기 위해 장거리 비행을 계속하고 있다.

[자료 1-7] Su-27과 Su-30 4세대 전투기

SOURCE : Wikipedia

[자료 1-8] J-10과 J-11 4세대 전투기

SOURCE : Wikipedia, Military Today

[자료 1-9] J-20과 J-31 5세대 전투기

SOURCE : Wikipedia, Hunter Chen

중국은 우주를 제삼자의 개입에 대응하기 위한 핵심 영역으로 보고 있다. 다시 말하자면 중국이 우주 기반 시스템을 사용하고 적 시스템을 거부하는 능력을 현대 전쟁의 핵심으로 간주한다. 우주의 군사화에 대한 대중의 우려에도 불구하고, 계속해서 군사적 우주 능력을 강화하고 있다. 실시간 감시, 정찰 및 경고 시스템을 구축하기 위해 노력하고 있으며, 통신 및 정보 위성, 베이더우(BeiDou) 항법 체계, 위성 시스템을 포함한 우주 시스템의 수와 능력을 늘리고 있다. 베이더우는 중국에서 구축한 범지구 위성 항법 시스템 프로젝트를 말한다. 전 세계와 우주에 있는 물체를 모니터링하고 대우주 활동을 가능하게 할 수 있는 우주 감시 능력을 확장하는 것이다. 이러한 능력을 통해 잠재적인 충돌 지역에 대한 상황 인식을 유지하고 적군을 모니터링, 추적 및 표적화할 수 있다. 그리고 중국은 적과 위기 상황이나 충돌 시 우주 영역에 대한 적의 접근과 작전을 거부할 수 있는 공궤도 공격(Co-orbital Attack), 운동 에너지 요격체(KKV), 전자전 및 유도 에너지 기술 등을 계속 개발하고 있다. 공궤도 공격은 목표 위성의 궤도를 따라 폭발하는 우주 지뢰가 포함될 수 있다.

중국에서는 전쟁에서 사이버전을 필수 불가결한 요소라고 믿는 것으로 보인다. 왜냐하면, 최근 전쟁에서 인터넷 영역의 통제가 승리의 전제 조건이자 분쟁에서 외부 개입에 대응하는 데 핵심이라는 것을 보았기 때문이다. 전략 지원군은 사이버전 발전의 첫 번째 단계일 수 있다. 이는 사이버 정찰, 사이버 공격 및 사이버 방어 기능을 하나의 조직으로 결합해서 관료적 장애물을 줄이고 사이버 부대의 명령 및 통제를 중앙 집중화한다. 시 주석은 2015년 12월 31일 전략 지원군 창설식에서 "국가 안보를 유지하기 위한 신형 전투부대이자 중국군의 전투 능력에 중요한 성장 포인트다"라고 전략 지원권의 중요성에 대해 강조했다. 전략 지원군은 아마도 예전 총참모부 3부(기술 정찰), 4부(전자 대응 및 레이더)와 정보화부의 사이버 요소를 통합해 구성된 것으로 보인다.

중국군은 사이버전 능력을 사용해서 세 가지 주요 영역에서 군사 작전을 지원할 수 있다. 첫째, 적과의 충돌 이전 단계에서의 역할이다. 사이버 정찰을 통해 사이버 공격에 대한 정보와 잠재적 작전 계획을 위한 기술과 운영 데이터를 수집할 수 있다. 둘째, 적과의 충돌 초기 단계다. 이때 사이버 공격 능력은 정보 우위를 구축해 네트워크 기반 지휘 및 통제(C2), C4ISR, 민간 및 국방 활동을 표적으로 삼아 적의 행동을 제한하거나 동원 및 배치를 늦출 수 있다. 셋째, 적과의 분쟁 중인 시기다. 사이버전 능력은 재래식 능력과 결합할 때 전력 승수 효과를 배가할 수 있다.

사이버 공격은 저렴한 비용으로 전쟁을 억제할 수 있어서 사이버 작전을 통해 분쟁 확대를 관리할 수 있다. 중국은 A2/AD를 지원하기 위해 적의 개입을 저지하거나 방해하기 위해 중요한 민간과 국방 노드를 대상으로 하는 사이버 공격 작전이 효과적이라 믿는다. 강력한 사이버 능력을 구축하는 것이 중국 네트워크를 보호하고, 적이 중국에 대한 군사 작전 수행 능력을 억제하거나 저하하는 데 필요하다고 보는 것이다. 중국 당국은 사이버 능력과 사이버 인력이 일부 영역에서 미국에 뒤떨어져 있다고 생각한다. 그러나 이러한 인식 부족을 극복하고 사이버 작전을 발전시키기 위해 훈련을 개선하고 국내 혁신을 강화하기 위해 노력하고 있다. 이러한 노력의 초점은 사이버 침입을 탐지 및 대응하고, 군사 네트워크 및 시스템을 보호하며, 중국의 사이버 국경을 방어하는 능력을 향상하는 데 있다. 중국이 첨단 기술을 사용하는 사이버 방어에 대한 통합 접근 방식에 초점을 맞춘다면 향후 몇 년 동안 사이버 방어 능력은 향상될 것으로 보인다. 사이버 모니터링, 조기 경보에 유용한 빅데이터 분석, 사이버 공간에서 충돌 발생 등 다양한 훈련과 실전 상황에서 신속한 대응을 위한 도구로 인공지능을 계속 강조하고 있다.

PART 02

군 구조 혁신

01

중국군의 역사

이 책에서 중국군이라고 칭하고 있는 군대의 정확한 명칭은 중국 인민해방군(人民解放軍)이다. 인민해방군의 뿌리를 따라가보면 창설한 주체는 중국 공산당이다. 그래서 엄밀하게 말한다면 인민해방군은 당의 군대, 즉 당군(黨軍)이다. 시초부터 정치화된 당의 군대였고, 무엇보다도 중국 공산당 정권의 생존을 보장하기 위해 존재해왔다. 이러한 점은 대부분 서방 국가의 군대가 비정치적이고, 전문적인 집단이라는 점과 다르다. 명목상 당군이지만, 국가가 곧 당인 일당 독재국가 중국에서는 실질적인 여타 국가의 국군(國軍) 역할을 수행하고 있다.

중국의 역사는 거의 5000년 전으로 거슬러 올라간다. 긴 역사에 비해 중국군은 그 존재가 100년도 채 되지 않는다. 처음에 마오쩌둥의 홍군(紅軍)으로 불렸던 현재의 중국군은 국가 기관이 아니라 중국 공산당의 군대가 그 뿌리다. 1927년에 창설된 군대는 처음 20년의 대부분을 제2차 세계대전 중 일본과 싸웠고, 중국 내전 동안 장개석이 이끄는 민족주의자들과 싸우는 데 보냈다. 홍군은 전투가 계속되는 가운데 1949년 10월 국민당에 대한 승리를 선언했다. 이후 한국과 베트남에서 미국에 맞서 군이 동원됐으며, 외교 정책의 도구로써 중국의 입지 강화용으로 사용되기도 했다. 대약진운동과 문화대혁명 이후 중국 공산당 권력의 강력한 기둥 중 하나로 등장했지만, 전투력은 다른 서방 국가에 견줄 수는 없는 열세한 수준이었다.

1978년 덩샤오핑(鄧小平)의 집권 이후, 중국의 4대 근대화(농업의 근대화, 공업의 근대화, 과학 기술의 근대화, 국방의 근대화) 중 네 번째로 국방이 포함됐다. 이때 오늘날 중국군으로 성장하는 방향성이 설정됐다. 마오쩌둥의 통치 기간에 포괄적인 군의 현대화를 달성하지 못한 것은 1979년 중·월전쟁(中·越戰爭)에서 나타났다. 군대가 본국으로 철군했고 성과는 무기, 작전 계획, 전술, 지휘 및 통제(C2), 병참 등 전반적으로 심각한 약점을 드러냈다. 중국은 군의 현대화하는 방법에 대한 통찰력을 얻기 위해 포클랜드 전쟁(1982)과 리비아 폭격(1986)과 같은 현대 서구의 군사작전을 더 자세히 연구하기 시작했다.

확실히 현대 전쟁사는 중국군에게 큰 교훈을 준 것으로 보인다. 걸프전쟁(1990~1991)에서 미군과 다국적군의 성과는 현대에 효과적으로 전쟁을 수행하는 표준이 된 정보 기반 무기와 군대에 대한 확실한 교훈을 제공했다. 특히 기동성과 정밀 타격 능력의 치명적인 효과에 대해서는 더더욱 그랬을 것이다. 그 결과 1990년대 초, 중국은 군사 교리를 변경해 중국이 직면할 가장 가능성 있는 충돌은 디지털 시대의 전쟁을 의미하는 '첨단 기술 조건하에서의 지역 전쟁'으로 보았다. 나중에 이는 '정보화 조건하에서의 지역 전쟁'으로 수정됐다. 이는 중국군이 제2차 세계대전과 유사한 전쟁을 준비해야 한다는 마오 시대의 사고방식을 파괴하는 발상이었다. 이후 역사적 전략 개념인 '능동 방어'의 공격적인 측면을 강조하기 시작했다. 잠재적인 적을 최대한 멀리 유지하기 위해 사거리가 더 긴 탄도미사일과 순항미사일을 활용하는 것이 핵심이었다. 역사적으로 중국이 미군에 대응하는 능력 구축에 집중하게 된 계기가 된 두 사건이 있었다. 1996년 중국·대만 '미사일 위기' 동안 미 7함대 항공모함 개입과 1999년 세르비아 주재 중국 대사관에 대한 우발적 NATO 공습이 그랬을 것이다.

21세기 들어 중국군은 현대화의 범위를 확장하고 속도를 높였다. 이 속에는 증가하는 글로벌 경제 및 정치적 이해관계, 현대전의 급속한 기술 주도적 변화, 중국의 해양 이해관계를 포함한 전략적 수준의 외부 위협 증가에 대한 내부 인식이 작용했다. 중국 지도자들은 2020년 이전을 중국이 주요 군사 분쟁에 개입하지 않을 것으로 예상되는 '전략적 기회의 기간'으로 인식했다. 현대화를 가속화하고 부족한 능력을 채우기 위해 중국은 2000년 이후 국방예산을 매년 10%가량 늘렸다. 무기 현대화와 획득 프로세스를 합리화하기 위해 1998년 총장비부를 설립하고, 방위 산업 기반 발전과 다양한 기술 개발 프로그램을 실행했다.

2004년, 당시 후진타오(胡錦濤) 주석은 군의 역할을 강화하기 위해 외교적, 군사적 수단이자 중국의 국제적 이익의 수호자로서 '신시대 군대의 역사적 임무'를 언급했다. 중국의 주권, 영토 보전 및 국내 안보 보장뿐만 아니라 확대되는 중국의 국익을 수호하고 세계 평화를 보장하는 데 도움을 주는 군대로 변모를 강조한 것이다. 이는 중국의 즉각적인 영토 방어와 주권 이익에만 묶인 군대에서 탈피하고, 글로벌 역할을 맡는 데 있어 결정적인 변곡점을 의미했다. 2009년 이후 아덴만에서의 해적 퇴치 작전, 국제 훈련 참가, 유엔 후원하에 아프리카에서 확대된 평화 유지 작전 등은 모두 중국의 야심 찬 비전의 일부다. 중국은 2017년 지부티(Djibouti)에 첫 해외 군사 기지를 설립했다. 이는 중국이 "어떤 외국에도 군대를 주둔하지 않거나 군사 기지를 설치하지 않는다"라는 1998년 최초로 발행했던 국방백서 내용을 뒤집은 사건이었다.

02

중국군과 중앙군사위원회의 관계

중국군과 중앙군사위원회의 관계에 앞서 당과 군의 관계에 대해 먼저 알아보자. 군은 당의 것이고 정치적 행위자라고 볼 수 있다. 군은 당내 유권자로서 중국의 정치와 거버넌스 시스템에 참여한다. 당의 입장에서는 당의 통치 시스템의 궁극적인 보증자로서 군 임무는 국방 임무 외에도 공식 및 비공식 국내 안보 임무가 포함된다. 이러한 당과 군과의 관계에서 군의 장교단이 거의 대부분 당원들로 구성되어 있다. "정치 권력은 총구에서 나온다"라는 마오쩌둥의 유명한 격언이 여기서 만들어진 것이다.

당 중앙군사위원회는 중국 최고 군사 의사결정 기구다. 중앙군사위원회는 군이 특정 임무를 준비하고 수행할 수 있도록 지시해 당 전략을 지원하고 중국의 주권, 안보 및 개발 이익을 수호한다. 엄밀히 말하면 중앙군사위원회는 당 중앙위원회 산하의 당 기관이자 전국인민대표회의가 임명한 기관이지만, 거의 대부분 군 장교들로 구성되어 있다. 중앙군사위원회 위원장은 보통 중국 공산당 총서기와 중국 국가주석을 겸임하는 민간인이다. 2012년 시 주석이 당 총서기 겸 중앙군사위원회 위원장으로 임명됐다. 그 이전 후진타오 집권 기간 중 중앙군사위원회의 유일한 민간 부의장을 역임했다. 비록 시 주석은 민간인이었지만 경력 초기에 국방부 장관의 보좌관을 지냈고, 지방의 당 관리로서 군과 정기적으로 교류했다. 2017년 제19차 당대회에서 조직이 개편되어 위원장, 부위원장, 국방부 장관, 합참의장, 정치공작부장, 규율검사위원회 서기만 남게 되면서 각 군 사령원들(참모총장격)이 해임됐다. 이러한 변화는 2015년 군 조직 개혁 이후 합동성을 강조하는 군 구조에 맞추고 당에 대한 충성도와 반부패의 시대적 요구 사항과 관련이 있다. 그리고 규율검사위원회 서기를 중앙군사위원회 위원으로 격상한 것은 부패를 퇴치하고, 당에 대한 군의 충성도를 강화하려는 시 주석의 목표를 반영한 것이었다.

03

중국군 구조의 개혁과 현대화

21세기에 들어와 중국은 대만의 비상사태에 대한 지속적인 강조를 넘어 다양한 안보 목표를 해결하기 위해 중국군의 현대화에 투자하고 개혁해왔다. 중국군의 진화하는 능력은 중국 주변부 분쟁에서 제삼자의 개입에 대응, 국경 분쟁에 대한 해결, 주변 지역 및 전 세계적으로 전력을 투사, 핵 공격을 억제하는 등과 관련된 전력에 초점을 두고 있다. 2012년 시 주석의 집권 이후 군사력 강화, 당의 군부 통치를 강조, 군의 전문성을 높이는 데 주력했다. 2015년 말, 시 주석은 실질적인 군 구조 개혁을 발표했다. 개혁은 미군을 경쟁상대로 합동 작전을 수행할 수 있는 더 날렵하고 치명적인 군대를 만들기 위해 고안됐다. 초기 개혁으로 합동 전구사령부와 새로운 합동 참모부가 설립됐다. 2016년 1월에는 군을 운영했던 4총부(총참모부, 총정치부, 총후근부, 총장비부)를 폐지하고, 중앙군사위원회 내에 15개 기능부서로 개편했다. 이 같은 노력은 지휘 책임을 명확히 하고 합동 작전을 위해 각 군을 통합해 평시에서 전시로 전환을 촉진하는 것을 목표로 했다.

중국은 지상, 공중, 해상뿐만 아니라 우주, 대우주, 전자전 및 사이버 작전을 수행할 수 있도록 모든 전쟁 영역에 걸쳐 능력을 현대화하려고 했다. 함정, 탄도 및 순항미사일, 통합 방공 시스템 등을 포함한 여러 군사 현대화 분야에서 이미 미국과 동등하거나 심지어 능가하기까지 했다. 중국은 군의 합동 지휘 및 통제(C2) 시스템, 합동군수 시스템, C4ISR 시스템을 개선하기 위해 노력하고 있다. 합동 작전, 정보의 통합, 신속한 의사결정이 현대전에서 중요하다는 것을 인식하고, 근거리 및 원거리 전장에서 복잡한 합동 작전을 지휘할 수 있는 능력을 현대화하는 데 계속 높은 우선순위를 두고 있다. 여기에 더해 정규군과 준군사 및 민병대와 군의 상호 운용성과 통합을 강조할 뿐만 아니라 핵력을 현대화하고 다양화하고 있다.

육군

주요 지상 전투 부대로서 육군은 약 975,000명의 현역 군인을 보유하고 있다. 2019년 국방백서에서는 육군의 임무를 지역 방어에서 초전역 작전으로 전환하는 것으로 설명했다. 지금도 2015년 말에 시작된 전반적인 주요 구조 개혁을 계속 실행하고 전투 준비태세를 개선하고 있다. 새로운 유형의 강력하고 현대화된 지상군을 구축하기 위해 육군은 다중 영역, 전장 전환, 작전 지속력 등 능력을 향상하는 데 중점을 두고 있다. 첨단의 전투 시스템을 배치하고 통신 장비의 통합은 더욱 현대적이고 향상된 기동성을 가진 치명적인 지상군으로 전환하는 것을 의미한다. 당의 현대화 목표에 따라 적과의 마찰에서 합동 작전을 수행하는 능력을 향상하기 위한 지속적인 노력을 기울이고 있다.

2016년 2월, 육군은 7개 군구를 5개 전구로 개편했다. 이에 따라

5개 전구군사령부, 신장군구, 티베트군구로 구성된다. 2017년 4월에는 18개 집단군*을 13개로 개편했다. 이 집단군은 다수의 합동군 여단으로 구성되어 있다. 총 78개 합동군 여단이 육군의 주요 기동 부대로 사용된다. 여단의 규모와 구성은 매우 다양하다. 이 여단은 세 가지 유형(궤도 장갑차를 주로 운용하는 중(重)형, 차륜 장갑차를 주로 운용하는 중(中)형, 고기동성을 요구하는 경(輕)형)으로 구분하며, 각각 최대 5,000명의 병력을 가지고 있다. 그리고 각 집단군은 작전 요소 기능을 담당하는 6개의 추가 여단(육군 항공 여단, 포병 여단, 방공 여단 등)을 작전 통제한다. 집단군을 표준화했지만, 집단군 외부에 존재하는 많은 비표준 독립 사단과 여단이 있다. 이 부대들은 일반적으로 신장, 티베트, 홍콩, 베이징을 포함해 중국이 민감하다고 여기는 지역에 위치한다. 개편된 전력은 고강도 분쟁에서 고차원 작전 능력을 갖춘 다각적인 군대를 계획하고 건설하려는 중국의 열망을 반영한다. 미래의 단위 부대는 모듈식으로 지금보다 더 독립적으로 작전 수행이 가능한 부대들로 탄생할 것으로 판단된다. 이 새로운 구조는 전투 기능 전반에 걸쳐 전투력과 효율성을 생성하는 것으로 기대할 수 있다.

다음으로 육군의 주요 장비에 대해 알아보자. 주요 전차는 구식과 최신형으로 구성된다. 강화된 방어 장갑, 대구경포, 성능 개량된 발사 통제 체계, 첨단 통신 체계 등 3세대 전차를 전력화해 기갑부대를 현대화하고 있다. 이들 중 성능이 가장 우수한 전차는 96A식과 99식이다.

* **집단군**(集团军) : 이름은 집단군이지만 실질적인 규모는 군단 정도다. 예전에는 집단군만 70개 정도로 병력이 많아 야전군-병단-집단군으로 상위 제대를 편제했으나 군축으로 현재는 집단군보다 위의 편제는 없다. 6개의 합성여단과 각 1개씩의 특전, 포병, 방공, 공병, 항공, 근무지원여단으로 이루어져 있다.

[자료 2-1] 96A식과 99식 전차

SOURCE : Army Recognition, Wikipedia

육군은 다양한 바퀴 및 궤도형의 기갑 보병 전투 차량(AIFV)과 장갑차(APC)를 가지고 있다. 08식은 중국의 최신 기갑 보병 전투 차량 중 하나이며 105mm 주포, 동축 30mm 기관포, 7.62mm 기관총으로 무장되어 있다. 포탑의 양쪽에는 4개의 HJ-8 와이어 유도 대전차 미사일을 장착할 수 있다. 엔진은 앞 오른쪽에 있고, 운전자는 앞 왼쪽에 있는 전통적인 배치 형태를 따른다. 포탑은 중앙에 있고, 병력 구획은 뒤쪽에 있으며, 3명의 승무원과 7명의 전투 병력이 탈 수 있는 공간이 있다. 무게는 약 21톤으로 개량형 장갑이 적용됐다. 종종 '바퀴 달린 경전차'라고 불리는 09식은 최신 차륜형 장갑차다. 8×8 구성, 30mm 주총, 7.62mm 동축 기관총, 포탑 오른쪽에 12.7mm 기관총, 포탑 양쪽에

[자료 2-2] 08식 기갑 보병 전투 차량과 09식 차륜 장갑차

SOURCE : Armored Warfare, Military Today

6개의 76mm 유탄 발사기가 있다. 운전자는 전면, 포탑은 중앙, 파워팩은 후면, 반응 장갑은 차체와 포탑에 장착된다.

중국은 정보 시스템을 통합해 치사율과 정밀도를 높이는 동시에 현대식 포병 체계를 계속 생산하고 있다. 주요 체계는 03식 다중 로켓 발사기(MLRS), 45식 155mm 자주포다. 자주포는 중국이 독자 개발한 것으로, 우리나라 K-9 자주포와 유사한 형상을 하고 있다. 그러나 성능 면에서는 K-9보다 많이 뒤처지며, 1990년부터 육군에서 사용하기 시작했다. 이 새로운 시스템은 거의 모든 견인포를 대체할 것이다. 이러한 현대화 추세의 예외로 여전히 해안 방어포로 130mm 견인포인 59-1식과 152mm 견인포인 66식을 계속 사용할 것이다.

[자료 2-3] 03식 다중 로켓 발사기와 45식 자주포

SOURCE : GlobalSecurity, Strategic Bureau

방공 능력의 포괄적인 전력 증강의 일환으로 러시아의 SA-15의 자체 변형을 통해 일부 방공 부대에 HQ-16 지대공미사일(SAM)을 배치하고 있다. 또한, 중국은 프랑스 크로탈(Crotale) 전술 지대공미사일(SAM) 체계를 국내 설계 변형으로 제조한다. 이 차륜형 지대공미사일(SAM) 체계는 주로 차륜형 전투부대를 지원하는 방공 부대와 함께 배치됐고, 전술 수준 부대를 방어하는 방공 부대에서 구식 대구경 대공포를 대체하고 있다.

[자료 2-4] HQ-16과 프랑스 크로탈 전술 지대공미사일(SAM) 체계

SOURCE : MDAA, Military Review

중국은 큰 기동 부대를 보호하는 일부 방공 부대에 최신의 국내 생산 자주 대공포 체계를 배치하고 있다. 07식은 사령부 지역, 병력 집중 및 주요 병참 지원 지역에 대한 대공 방어망을 제공한다. 이는 거의 독일의 게파트(Gepard)를 사실상 그대로 모방했다. 중국에서 자체적으로 설계와 생산한 95식 자주대공포는 보다 효과적인 단거리 지대공미사일(SAM)을 장착했다. 이 체계는 전투 기동 부대의 근거리 대공 방어를 위해 많은 기계화 부대에 배치되어 있다.

[자료 2-5] 07식과 95식 자주대공포

SOURCE : THEWIKI, Weaponsystems.net

육군의 현대화는 군의 전반적인 현대화 우선순위와 중앙군사위원회 지침에 따라 차량과 무기 성능개량을 계속 강조하고 있다. 그러나 2019년 국방백서에서 "아직 기계화 작업을 완료하지 않았다"라고 언급해 2020년 말까지 기계화가 완료됐을 가능성이 작음을 암시한다. 여기서 말하는 기계화 목표가 주로 육군과 관련되어 있다. 육군의 무기체계는 한동안 첨단 무기체계에서부터 59식 전차 및 견인포와 같은 구식에 이르기까지 혼합되어 운용될 것으로 보인다. 비록 중국의 현대화 야망과 첨단 장비를 개발할 수 있는 방위 산업 기반 능력에도 불구하고, 기존 장비를 폐기하기에 충분한 수의 새로운 장비를 획득하고 배치하는 데 어려움을 겪고 있다.

최근 다수의 새로운 무기체계가 배치되고 있다. 차륜 차량에 122mm 곡사포를 장착한 PCL-171 자주포를 사용해 실사격 훈련을 수행을 완료했다. 5개 합동 전구사령부의 대부분의 포병 부대는 자체 추진 155mm 곡사포 시스템인 PCL-181 자주포를 전력화했다. Z-8L은 공중 강습 부대에서 더 무거운 차량의 이동을 허용할 15톤급 수송 헬리콥터로 광범위한 운영시험이 시작됐다. 중부전구사령부 161 공중강습여단은 미국의 UH-60 블랙 호크(Black Hawk) 디자인을 그대로 모방한 Z-20 중형 수송 헬리콥터의 전력화도 시작됐다.

[자료 2-6] PCL-181 자주포와 Z-8L 헬리콥터

SOURCE : Pentapostagma, Reddit

해군

중국의 해군은 항공모함, 전투함, 잠수함, 상륙함 등 약 145척 이상의 주요 함정을 포함해 약 355척의 선박과 잠수함으로 구성된다. 전체 전력 측면에서 수치상 세계에서 가장 큰 해군을 보유하고 있다. 향후 전력은 2025년까지 420척, 2030년까지 460척으로 증가할 것으로 예상한다. 이러한 수치상 성장의 대부분은 주요 수상 전투함에서 이루어진다. 해군은 해군항공과 7개의 해병 여단을 통제하고 있으며, 5개 전구 지역 중 3개 전구에 해군 함대를 배치했다. 북해 함대는 북부전구사령부의 작전 지역에 속하고 칭다오(青島)에 본부를 두며 보하이 해역, 황해 및 동중국해 북부 지역을 담당한다. 동해 함대는 동부전구사령부의 작전 지역에 속하고 닝보(寧波)에 본부를 두며 동중국해의 대부분과 대만 해협을 담당한다. 남해 함대는 남부전구사령부의 작전 지역에 속하고 전장(鎮江)에 본부를 두며 남중국해를 책임지고 있다. 각 함대는 잠수함 소함대, 수상함 소함대, 항공 여단 등의 주요 전력이 있다. 각 함대의 부사령관은 해당 항공 부대를 지휘한다. 다른 군과 마찬가지로 해군도 2015년 말부터 2016년 초에 시작된 군 구조 개혁을 시행했다. 합동 전구사령부의 일부에서 작전을 수행하는 해군은 조직화, 인력 배치, 훈련 및 장비의 현대화에 초점을 맞추고 있다.

국방백서에서 해군의 중요성을 점차 강조하고 있다. 중국은 전략적으로 바다의 중요성을 인식하고 있다. 1987년까지만 해도 류화칭 제독은 '근해 방어' 전략을 수립했다. 그러나 2019년 국방백서에서 해군이 '근해에서의 방어'에서 '원해에서의 보호 임무'로의 전환을 가속한다고 설명했다. 이는 강력한 자위 능력을 갖춘 지속 가능한 장거리 다중임무 해군 플랫폼을 사용해 중국 본토에서 점점 더 먼 거리에서 작전을 수행해야 하는 요구가 증가함을 의미한다. 2015년 5월에 발표한 중국의 '군사 전략' 내용과 일치하는 내용이다. 최근 중국은 연안 방위 및 공해 보호로 알려진 새로운 해군 전략을 공식적으로 도입했다. 이 새로운 전략은 근해 방어의 주요 요소를 포함하지만, 중국의 증가하는 국제 이익과 해양 임무를 지원하기 위해 중국의 해양 작전 영역을 제1, 2도련선을 넘어 공해로 확장한다. 이러한 관심은 중국이 국내 경제 활성화를 추진하기 위해 해상 무역, 해외 에너지 자원에 대한 접근, 중국 시민의 해외 고용에 크게 의존하고 있는 점과 연결된다.

해상과 관련된 중국 해군의 주요 문제는 대만과의 통일 문제, 동중국해 및 남중국해에서 중국의 해양 영유권 문제, 무역과 관련된 해상 항로 보호다. 첫 번째로, 중국의 전략가들은 1990년대 중반 이후 대만에 대한 다양한 군사 옵션을 행사하는 우발 상황에서 잠재적인 제삼자의 군사 개입을 차단하는 능력 개발이 필수적임을 이해했다. 대략 20년 이상 지난 현재, 첨단 대함 순항미사일(ASCM)과 지대공미사일(SAM)을 사용하는 수상함, 잠수함, 해상 타격 항공기 및 지상 기반 시스템을 포함해 다양한 첨단 플랫폼을 구축하거나 획득했다. 중국은 적 항공모함을 공격하기 위해 특별히 설계된 시스템인 세계 최초의 이동식 대함탄도미사일(ASBM)도 개발했다. 두 번째로, 해군은 해양 주권 보호를 위해 노력하고 있다. 지난 몇 년 동안 중국은 일본, 필리핀, 베트남, 말레이시아를 비롯한 주변 경쟁 국가 간의 해상 분쟁이 주기적으로 심화했다. 이는 동중국해, 남중국해에서 해양 경계, 경제적 권리 및 다양한 지리적 특징에 대한 주권과 관련된 문제가 얽혀 있다. 중국은 해군 능력이 성장함에 따라 해상 전력을 강화하고 우발 상황에 유연하게 대응하는 능력으로 최대한 군사 분쟁을 피하고 있다. 중국은 남중국해의 해양 영유권 주장을 위해 파라셀(Paracel)과 스프래틀리(Spratly) 군도에 토지를 개간하고 항구 시설과 정찰기, 전투기가 이착륙이 가능한 공군 기지를 건설했다. 마지막으로, 중국이 해상 상거래에 크게 의존하고 있다는 점을 감안할 때 해군의 해상 항로 보호는 중요한 임무다. 인도양을 통과하는 중동과 아프리카의 석유 수입 루트는 중국에 특히 중요하다. 중국의 중요한 광물 수입과 완제품 및 부품 무역의 상당 부분도 이 경로를 사용한다. 무역이 중단되면 중국 경제가 약화할 수 있으므로 해군은 장거리 해상 항로의 보호와 일반 해군 주둔 능력 개발에 점점 더 중요성을 부여하고 있다. 이를 위해 중국이 지부티(Djibouti)에 해군 물류 지원 기지를 설립하고, 여러 국가와 추가 물류 및 항만 접근 협정을 추진하는 것은 이와 맥락을 같이한다. 중국 해군이 아덴만에서의 해적 작전에 참여하는 것은 중요한 해상 경로를 보호하려는 중국의 의도를 반영한다.

[자료 2-7] 지부티와 아덴만

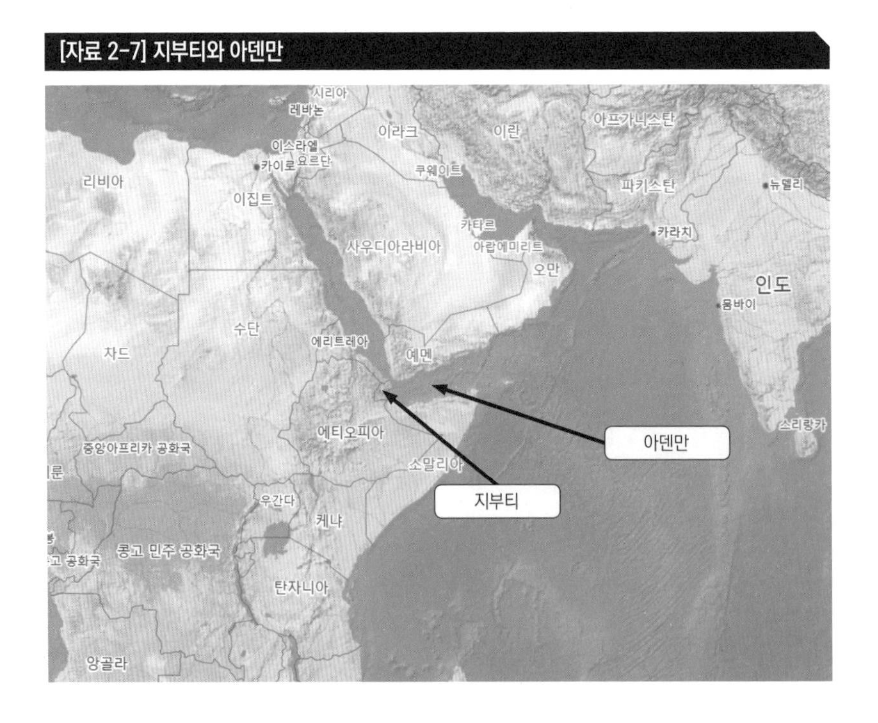

중국의 무기체계는 강력하고 현대화된 해군력을 구축하려는 목표를 위해 유연한 전력이면서 더 크고 현대적인 다목적 전투 체계를 선호한다. 그래서 주요 선박은 첨단 대함, 대공, 대잠 무기 및 센서를 갖춘 현대적인 다중 역할 플랫폼으로 주로 구성된다.

2019년 12월, 중국은 최초의 국내 건조 항공모함인 산둥함(山东舰)을 취역시켰다. 랴오닝함(辽宁舰) 설계의 수정된 버전인 산둥함은 2017년에 처음 진수됐다. 2018~2019년 동안 여러 번의 해상 시험을 완료했다. 이 산둥함의 가장 큰 특징은 비행기 이륙 시스템이 사출기 이륙 방식이 아니라 스키 점프 이륙 방식이라는 것이다. 이 방식은 항공기 이륙 중량을 제한해 최대 무장 하중과 전체 전투력을 제한한다. 이뿐만 아니라 공중조기경보(AEW) 항공기와 같은 대형 특수 지원 항공기를 운용할 수 없다는 것을 의미한다. 그리고 미국 항공모함보다 작은 비행갑판을 가지고 있어 공간적인 제약이 발생한다. 중국은 2022년에 두 번째 국내 건조 항공모함에 대한 건조를 계속하고 있다. 이 항공모함은 더 크고 사출기 이륙 시스템이 장착될 예정이다. 이 설계는 더 신속한 비행 작전을 지원할 수 있게 해서 항공모함 기반 타격 항공기의 범위와 효율성을 확장할 것이다. 중국의 두 번째 국내 건조 항공모함은 2024년에 전력화할 예정이며 추가 항공모함도 뒤따를 것으로 예상한다.

[자료 2-8] 스키 점프 방식과 사출기 이륙 방식

SOURCE : China Daily, Wikipedia

해군은 항공모함에서 운용할 여러 형태의 항공기를 개발하고 있다. 표준 J-15 외에도 사출기 이륙 방식이 가능한 J-15 변형이 개발 중이다. 이 항공기는 중국의 랴오닝성(遼寧省) 황디춘(黃帝村) 시험장에서 지상 기반 증기 및 전자기 사출기로 시험 됐다. 2021년 말에 중국은 이를 언론에 공개했다. 세 번째 J-15 변형인 J-15D는 날개 끝에 전자전 지원을 위한 여러 개의 안테나가 장착되어 있다. 이 전투기는 전자전 교란 장치를 탑재해서 방해 전파로 적의 레이다를 교란하고 적의 레이다 탐지로부터 아군 장비가 탐지되지 않도록 도와주는 역할을 한다. 전투기 외에도 중국은 KJ-600으로 알려진 항공모함 공중조기경보기의 설계를 개선하고 있다. KJ-600의 프로토타입은 2020년 8월 말에 비행시험을 시작했다.

[자료 2-9] J-15 전투기와 KJ-600 항공모함 공중조기경보기

SOURCE : China Military, The National Interest

2000년대 초반에 해군은 정기적으로 연안에서 작전할 수 있는 수상전투함 체제로 전환했다. 이 시기에 러시아에서 몇 가지 주요 수상 전투함, 무기체계, 센서 등을 수입함과 동시에 자체 설계한 선박을 생산했고 구형 선박을 현대화했다. 최근까지도 과거 구시대 디자인을 현대식 다목적 구축함, 호위함 등으로 교체하고 있다. 해군 설계 기술 발전은 서방 해군에 필적하거나 경우에 따라 능가하는 수준에 도달하기 시작했다. 특히 대공 방어, 대함 및 대잠 능력이 크게 향상됐다. 현재 여러 척이 건조 중인 신형 055형(Renhai급) 유도 미사일 구축함은 자체 개발된 다양한 첨단 무기와 센서를 자랑하는 세계에서 가장 진보되고 강력한 수상 전투함 중 하나다.

2019년 4월, 해군 70주년 관함식에서 처음으로 055형이 공개됐다. 2020년 말 기준으로 8척이 운용되고 있는 것으로 보인다. 이는 전방 64개와 후방 48개의 수직 발사 시스템(VLS) 셀을 보유하고 있어 다양하고 많은 수의 미사일을 탑재할 수 있다. 여기에는 최대 사거리가 약 10km인 HHQ-10 미사일을 위한 24셀 발사대를 포함한다. 중국 수직 발사 시스템은 미국의 표준 Mk.41 발사체계보다 더 크고 잠재적으로 더 유연하다. 055형은 어떤 면에서는 052D형 구축함의 상당한 확장 개발에 불과하지만, 독립적인 장거리 배치 또는 함대 작전을 수행하기 위한 해군 능력의 단계적 변화를 보여준다. 055형은 일본, 한국, 러시아, 미국 해군에서 운용되는 구축함들과 비교했을 때 크기나 성능 면에서 동등한 구축함이 없다. 탑재 무기는 대공 및 미사일 방어를 위한 HHQ-9/10 장거리 미사일, YJ-18A 장거리 대함 순항미사일(ASCM), Yu-8 대잠미사일 등이 포함될 수 있다. 향후 탄도미사일 방어(BMD) 체계와 함대지 순항미사일도 포함될 것이다.

또 다른 주목해야 할 전력은 052D형(Luyang III DDG) 구축함이 있다. 2020년 말까지 선체 길이가 연장된 052D형(Luyang III MOD DDG) 구축함 12척을 포함해 25척을 전력화했다. 모든 순항미사일, 지대공미사일(SAM), 대잠미사일을 발사할 수 있는 64셀의 다목적 수직 발사 시스템을 갖추고 있다. 055형과 052D형 구축함은 동일한 미사일 시스템을 공유한다.

[자료 2-10] 055형과 052D형 구축함

SOURCE : Naval Post, China Military

이 두 가지 핵심 수상전력 이외에 25척 이상의 수직 발사 HHQ-16(사거리 20~40nm)를 탑재한 054A형(Jiangkai II급) 호위함이 현재 운용 중이며 더 많은 수를 건조 중이다. 추가적으로 동중국해와 남중국해에서의 작전을 위해 056형(Jiangdao급 FFL) 초계함의 빠른 생산으로 연안 해전 능력을 강화하고 있다. 2020년 중반까지 연간 9번째 056형을 진수했으며 50대 이상이 운용되고 있다. 최종 70척가량 되는 수의 생산이 예상된다. 056형 최신형은 대잠수함전(ASW)을 위한 견인 배열 소나가 장착됐다.

[자료 2-11] 054A형 호위함과 056형 초계함

SOURCE : GlobalSecurity, Weaponsystem.net

선상 대공 방어와 대수상 전투 능력은 가장 주목할 만하다. 최신 구축함들은 씨이글(Sea Eagle) 또는 드래곤 아이(Dragon Eye) 위상 배열 레이더와 같은 최신 전투 관리 체계와 항공 감시 센서를 사용한다. 이 최신 장비는 1~2척의 선박이 전체 작전 함대에 대공 방어를 제공할 수 있도록 정보를 제공하기 때문에 수상 함대가 해안 기반 방공 시스템 외부에서 작전할 수 있도록 한다.

중국 해군은 새로운 전력 개발에서 대수상전 능력을 계속 강조하고 있다. 장거리 대함 순항미사일(ASCM)이 잠재력을 최대한 발휘하기 위해서는 강력한 초지평선(OTH) 표적화 기능이 필요하다는 것을 알고 있다. 이러한 능력은 수면 및 수중 발사 플랫폼에 충실도가 높은 표적 정보를 제공할 수 있다. 이에 따라 전략, 작전 및 전술 수준에서 합동 정찰, 감시, 지휘, 통제 및 통신 시스템에 투자를 집중하고 있다. 주요 장거리 대함 순항미사일(ASCM)은 YJ-62(215nm 사거리), YJ-83/YJ-83J(97nm 사거리), YJ-12A(250nm 사거리) 등이 사용되고 있다. 중국은 YJ-83 미사일 제품군이 가장 많고, 대부분의 중국 선박과 항공기에 장착되는 다양한 첨단 대함 순항미사일(ASCM)을 탑재한다.

지난 15년 동안 중국 해군은 12척의 핵 추진 공격 잠수함을 건조하고 운용하고 있다. 구체적으로 6척의 094형(Jin급 SSBN), 2척의 093형(Shang I급 SSN), 4척의 093A형(Shang II급 SSN)이다. 094형은 최대 12개의 JL-2 잠수함발사 탄도미사일(SLBM)을 탑재할 수 있다. JL-2 잠수함발사 탄도미사일(SLBM)을 장착한 094형은 중국 최초의 신뢰할 수 있는 해상 기반 핵 억지력을 나타낸다. 2019년 건국 70주년 퍼레이드에서 JL-2가 완전하게 운용되고 있음을 보여주었다. JL-2는 JL-1 잠수함발사 탄도미사일(SLBM)에 비해 사거리가 거의 3배에 달하고, 미국 본토를 공격할 수 있는 능력을 제공한다. 2020년 중반에는 093B형 유도미사일 핵추진 잠수함(SSN)을 건조한 것으로 보인다. 이 새로운 개량형은 해군의 대수상전 능력을 향상하고 지상공격 순항미사일(LACM)을 장착할 경우 은밀한 지상 공격 옵션을 제공할 가능성이 있다.

재래식 잠수함 전력으로는 46척의 디젤추진 잠수함(SS)을 운용하고 있다. 여기에는 035형(Ming급 SS), 039형(Song급 SS), 039A형(Yuan급 SSP), 러시아제 636형(Kilo급 SS) 등이 혼합되어 있다. 2000년에서 2005년 사이에 035형 디젤 공격 잠수함과 039형과 039A형을 건조했다. 현재 생산은 039A형만 하고 있고, 중국에서 가장 현대적인 재래식 잠수함이다. 039A형은 20여 대 정도 운용되고 있는 것으로 알려져 있고, 039형과 전투 능력은 비슷하다. 둘 다 중국제 대함 순항미사일(ASCM)을 발사할 수 있지만, 039A형은 공기 불요 추진(AIP) 시스템의 추가 이점이 있다. 러시아가 설계한 636형의 소음 차단 기술이 여기에 통합됐을 수 있다. 공기 불요 추진(AIP) 시스템은 잠수함이 잠긴 상태에서 배터리 또는 디젤 엔진 이외의 동력원을 제공해 수중 내구성을 높이고 탐지에 대한 취약성을 줄인다. 1990년대 중반과 2000년대 중반 사이에는 러시아제 636형 12척을 구입했다. 그중 8대는 SS-N-27 대함 순항미사일(ASCM)을 발사할 수 있고, 약 120해리까지 교전 능력을 제공한다. 636형 4척과 035형은 대함 순항미사일(ASCM)을 발사할 수 있는 능력이 부족한 약점이 있다. 최신 국내 잠수함 발사 대함 순항미사일(ASCM)인 CH-SS-N-13 대함 순항미사일(ASCM)은 093A형, 039형, 039A형에서도 운용할 수 있도록 운용 범위가 확장됐다.

[자료 2-12] 094형과 093형 탄도유도탄 핵추진 잠수함(SSBN)

SOURCE : Wikipedia, Namu.Wiki

2020년 초 건조를 시작한 것으로 보이는 중국의 차세대 096형 탄도유도탄 핵추진 잠수함(SSBN)은 새로운 유형의 잠수함발사 탄도미사일(SLBM)을 탑재할 것으로 알려졌다. 이와 더불어 094형 탄도유도탄 핵추진 잠수함(SSBN)도 동시에 운용할 것으로 예상한다. 2030년까지 최대 8척의 탄도유도탄 핵추진 잠수함(SSBN)을 보유할 것으로 보인다. 향후 095형 순항미사일 탑재 핵추진 잠수함(SSN)도 도입될 것이다. 이는 3세대 핵 추진 공격 잠수함의 한 종류로 이 등급의 잠수함은 정숙성, 무기 용량 등과 같은 많은 영역에서 세대적 향상을 제공할 수 있다. 최근 중국 조선소는 13척의 039형(Song급 SS)과 17척의 039A/B형(Yuan급 SSP)을 해군에 인도했다. 2025년까지 총 25척 이상의 039A/B형 잠수함을 생산할 것으로 예상한다. 2020년대 말까지 65~70척의 잠수함을 유지하고 있으며, 1:1 방식으로 구형 잠수함을 신형으로 교체할 것이기 때문에 잠수함 수는 큰 변화가 없다. 비록 함정과 특수 임무 항공기의 개발을 통해 대잠전 능력을 개선하고 있지만, 강력한 심해 대잠수함전(ASW) 능력이 계속 부족하다. 공해 보호와 서태평양 및 인도양에 대한 접근 보존을 포함하는 중국의 광범위한 해양 능력 목표를 달성하는 데 있어 심해 대잠전의 중요성을 점점 더 강조하는 상황이다.

중국의 강습 상륙함 전력은 2000년대 초 현대화 프로그램이 시작된 이후 천천히 성장했다. 2005년부터 중국은 6척의 대형 071형(Yuzhao급) 강습 상륙함을 건조했다. 이는 중국의 원정 작전, 상륙 공격 능력의 발전이 이루어지고 있음을 시사한다. 전력 투사 능력 개발에서 또 다른 중요한 이정표는 첫 번째 075형(Yushen급 LHA) 대형 상륙 강습함이 2019년 9월에 진수된 것이다. 2020년 4월에는 두 번째 075형이 진수됐다. 이 함정은 모든 측면의 원정 능력을 제공할 고성능 대형 상륙함이다. 강습 상륙함에 대한 투자는 원정 전쟁 능력을 지속해서 개발하려는 의도를 나타낸다. 세 번째 075형 진수가 2021년 1월에 있었으며, 3척의 진수에 약 16개월이 소요됐다. 현재 중국은 7척의 대규모 071형을 보유하고 있으며, 8번째 선박은 2020년 해상 시험에 들어갔다. 이 두 종류의 상륙함은 상륙정 몇 대와 다양한 헬리콥터, 장거리 배치를 위한 전차 및 장갑차, 해병을 세계 여러 지역에 투사할 수 있다. 상륙함 수는 지난 10년 동안 구형 선박이 퇴역하면서 감소했다.

[자료 2-13] 071형과 075형 상륙 강습함

SOURCE : GlobalSecurity, South China Morning Post

해군항공은 지난 10년간 급격한 발전을 이루었다. 과거와 같이 해안에서만 머무는 해군항공에서 완전히 탈피했다. 더 멀리 도달할 수 있고 항공 조기 경보, 대잠수함전(ASW), 해상 공격, 항공모함 기반 작전 등과 같은 확장된 항공 임무를 수행할 수 있다. 과거 중국이 육상 기반 전력 중심이었다면, 현재는 해상 기반 전력이 중심이 되는 변화의 기로에 놓여 있다. 해군항공도 그 속에서 중요한 전력 중 하나다. 불과 10년 전만 해도 고정익 항공 현대화는 러시아 수입품에 크게 의존했다. 그러나 현재는 국내 생산 전투기의 전력화로 혜택을 누리고 있다. 3세대 후기형에 가까운 J-10A(진정한 4세대는 J-10B) 및 J-11B(라이센스 생산인 J-11A)와 같은 국산 4세대 전투기를 배치하고 있다. 이들은 모두 현대식 레이더와 유리 조종석을 갖추고, PL-8 및 PL-12 공대공미사일(AAM)로 무장했으며, 해안지역을 넘어 비행 범위를 확장한다.

해군항공이 운용하는 폭격기로 H-6 계열이 있다. H-6은 1950년대 후반 소련과 Tu-16 쌍발 제트 폭격기 라이센스 생산 계약을 체결을 했고, 그에 따른 국내 생산품이다. H-6은 지금까지 H-6A부터 최근 H-6N까지 다양한 개량형이 존재한다. 설계가 오래됐음에도 불구하고, H-6은 전자 장비와 탑재체 성능개량을 통해 장거리 타격 플랫폼으로 사용할 수 있도록 유지해왔다. 전통적으로 해상 임무를 지원하기 위해 H-6G를 배치했다. 이 중에 해상 공격 버전 H-6J는 수상 표적에 대해 개량된 대함 순항미사일(ASCM)을 사용한다. 성능 개량된 H-6J의 주목할 만한 개선 사항에는 최대 6발의 YJ-12 대함 순항미사일(ASCM)을 탑재하고, 제2도련선까지 적의 함정을 공격할 수 있다. 참고로 이전 H-6D 변종에서는 2발을 탑재할 수 있었다. 현재 30여 대의 H-6J가 운용 중이다. 또한, 수 대의 H-6을 공중 급유기로 개조해서 해상 항공 전투기의 작전 범위를 늘렸다. 2018년 전시회에서 YJ-12 대함 순항미사일(ASCM)이 함정 발사형과 지상 발상형 2종으로 개량됐음이 식별됐다. 각각은 YJ-12A와 YJ-12B로 분류됐다. 이 중 YJ-12B는 남중국해의 여러 전초 기지에 배치됐다.

3개 함대에 걸쳐 최소 5개 연대에는 H-6 폭격기를 보강하는 중국이 독자 개발한 쌍발엔진 2인승 다목적 JH-7 전투전폭기가 배치되어 있다. JH-7의 개량형은 더 강력한 레이더와 추가 무기 용량을 제공해서 해상 공격 능력을 향상한다. 최대 4발의 대함 순항미사일(ASCM)과 2발의 PL-5 또는 PL-8 단거리 공대공미사일(AAM)을 탑재할 수 있다. 2발의 대함 순항미사일(ASCM) 공간은 연료 탱크로 교체될 수 있다.

[자료 2-14] H-6J 폭격기와 JH-7 전투폭격기

SOURCE : China Military, Aero Corner

중국 해군은 대잠수함전(ASW)을 위한 해상초계기도 최근 개발한 것으로 보인다. 이 새로운 항공기는 후미에 미국 해군의 P-3C와 유사한 붐(Boom)이 장착되어 있다. 이 붐을 자기 이상 감지기(MAD)라고 부른다. Y-9 수송기를 바탕으로 개발됐으며, 기수 아래에 탑재된 수상 수색 레이더와 동체의 다중 블레이드 안테나를 갖추고 있다. 이는 전자 감시용인 것으로 보인다. 그리고 주 착륙 장치 앞에는 내부 무기 베이도 장착되어 있다. 최근 사진으로 볼 때 일부는 전력화되어 운용 중인 것으로 보인다. 이 외에도 고정익 해상 초계기, 공중조기경보(AEW) 및 감시 항공기의 재고량을 늘리고 있다. 구소련의 An-12의 중국 라이센스 생산 버전인 Y-8은 이러한 특수 임무 비행기의 기본 골격을 제공한다. 중국은 점차 이러한 특수 항공기 개발을 통해 해안에서 더 멀리 그리고 더 오래 함대의 눈과 귀가 되기 위한 항공기 개발 및 변형에 힘쓰고 있는 것으로 보인다.

[자료 2-15] Y-9와 Y-8 대잠수함전(ASW) 해상초계기

SOURCE : China Military, Thai Military and Asian Region

해군항공은 크게 세 가지의 헬리콥터를 운용하고 있다. 국내에서 생산된 Z-9 및 Z-8/Z-18 계열 두 가지와 러시아산 헬릭스(Helix)다. Z-9 계열에서는 Z-9C가 주요 헬리콥터다. 중국은 1980년대 초 프랑스의 아에로스파시알(Aerospatiale)(현 에어버스 헬리콥터)로부터 라이센스를 취득해 AS365 돌핀 II(Dauphin II)를 생산했다. 이를 Z-9로 명명했으며 해군용은 Z-9C로 개량했다. Z-9C는 KLC-1 수색 레이더와 디핑 소나, EO 포탑, 무유도 로켓, 12.7mm 기관총 포드가 장착되어 있다. Z-9D로 명명된 개량 버전은 소형 대함 순항미사일(ASCM)을 탑재한 것으로 관찰됐다.

Z-8은 1970년대 후반 SA 321 쉬페르 프렐롱(Super Frelon)을 바탕으로 한 역설계된 버전이다. 1990년대와 2000년대 초반까지 주로 생산됐고, 다른 해군 헬리콥터보다 더 큰 화물 용량을 제공한다. 이러한 장점에도 불구하고 전투함 선상 이착륙은 제한적이다. Z-8에서 확장된 Z-18이라는 새로운 대형 수송 헬리콥터가 라이오닝 항공모함과 함께 운용된다. Z-18은 세 가지 변형이 존재하는데 수송용, 대잠수함(Z-18F), 대전자전(Z-18J) 형태다. 이 또한 크기 때문에 해상 선박 위 이착륙에 제한이 있다.

해군에서 운용하는 유일한 수입 헬리콥터는 헬릭스(Helix)다. 헬릭스 Ka-27 모델은 러시아에서 사용되는 다목적 헬리콥터이고, Ka-28은 성능을 낮춘 수출형이다. 중국에 배치된 헬릭스는 수출형으로 총 18대가 운용 중이다. 일반적으로 대잠수함전(ASW)에 사용되며 수색 레이더와 디핑 소나가 장착되어 있다. 그리고 잠수함을 추적하기 위한 소노부이(Sonobuoy), 어뢰, 폭뢰 또는 기뢰를 사용할 수도 있다.

[자료 2-16] Z-9C와 헬릭스 Ka-28 헬리콥터

SOURCE : Weaponsystems, South China Morning Post

2020년 10월, 시 주석은 해병대를 방문했다. 그는 해병대에 훈련 수준을 높여 전투 능력 향상을 가속하고 전쟁 준비에 집중해 높은 경계 상태를 유지할 것을 촉구했다. 해병대는 군 개혁 이전에 대략 10,000명의 인원으로 2개 여단으로 구성되어 있었다. 임무도 남중국해 전초기지에 대한 상륙 공격과 방어로 제한됐다. 최근에 들어와 해병대는 확장할 수 있고, 이동 가능한 8개 여단의 확대된 병력 구조로 발전됐다. 기동여단 6개, 특수임무여단, 헬리콥터로 구성된 항공여단으로 나뉜다. 임무는 주로 중국 본토 방어, 남중국해 및 해외의 중국군 기지 방어, 섬 전초 기지를 점거 및 방어하기 위한 상륙 작전, 비전쟁 군사 활동 수행 등으로 확대됐다. 최근 발전에는 제1도련선 너머의 작전을 포함한 합동 원정 작전을 위한 능력을 현대화와 재래식 및 비정규전에 대한 훈련도 강화되고 있다. 작전상 제한사항으로 상륙 작전 시 근접항공 화력지원부대가 없어 육군 또는 해군항공의 지원이 필요하다. 제한된 군수지원 능력 또한 해병대가 가지고 있는 한계다.

해병대는 중국 최초 해외 군사 기지인 지부티에 주둔하고 있다. 지부티는 아프리카와 중동에서 중국의 군사적 그리고 전략적 영향력의 확장을 상징한다. 임무는 이 지역의 중국인 투자 및 기반 시설과 아프리

카의 약 100만, 그리고 중동의 50만 중국인에 영향을 미치는 우발 상황에 대한 군사적 대응력을 제공한다. 거리상으로 가까운 아덴만에 파견된 중국 해군에도 해병대가 파견되어 있다. 군사 외교의 목적으로 러시아군, 태국군과 훈련을 하고 미국, 호주와 교류를 하기도 했다. 해병대의 주요 전투 차량은 주요 골격을 공유한다. ZBD-05 기갑 보병 전투 차량(AIFV), ZLT-05 상륙 강습 차량, 장갑차 복구 차량, 장갑 앰뷸런스 등이 있다.

[자료 2-17] ZBD-05 기갑 보병 전투 차량(AIFV)과 ZLT-05 상륙 강습 차량

SOURCE : Army Recognition, Air Power Australia

공군

중국 공군은 빠르게 서방 공군을 따라잡고 있다. 이러한 추세는 공중 영역에서 중국과 비교해 오랫동안 지속해온 미군의 기술적 이점이 점차 침식되고 있음을 의미한다. 공군 전력은 해군항공과 함께 인도·태평양 지역에서 가장 크고, 세계에서 세 번째로 큰 공군을 구성한다. 총 2,800대 이상의 항공기를 보유하고 있으며, 그중 약 2,250대가 전투기, 전략 및 전술 폭격기와 같은 전투용이다.

중앙군사위원회 의도는 공군을 합동 작전 수행에 능숙한 보다 효과적이고 유능한 군으로 전환하는 것이다. 2019년 국방백서에서는 공군의 임무를 '영토 방공'에서 '공세 및 방어 작전'으로 전환하는 것으로 설명했다. 이 개념은 갑자기 제시된 내용은 아니다. 2015년 5월에 발간된 중국의 군사 전략에서는 영토 방공에서 방어와 공세 모두로 초점을 전환하고, 공역 방어력 구조를 구축하기 위해 노력할 것이라고 기술했다. 2017년에 딩라이항(丁來杭) 공군 중장은 공군 사령관이 되어 장거리에서 공군력을 투사할 수 있는 진정한 전략적 공군을 구축할 것을 권고했다. 이후 공군은 전략적 조기 경보, 공습, 대공 및 미사일 방어, 공수 작전, 전략적 투사 등 능력 강화에 집중하고 있다.

2019년 10월, 중화인민공화국 건국 70주년 열병식에서 공군은 최신 공대공미사일(AAM)로 무장한 J-20, J-16, J-10C 등 첨단 4세대 전투기로 고가 비행을 했다. 공군은 여전히 많은 수의 구형 2세대 및 3세대 전투기를 운용하고 있지만, 계속해서 더 많은 수의 4세대 전투기를 배치하고 있다. 훈련기를 제외하고 800대 이상이 4세대 전투기일 것으로 추정되며, 아마도 향후 몇 년 안에 대다수가 4세대 전투기가 될 것이다. 4세대 전투기는 Su-27, Su-30, J-10, J-11A, J-11B 전투기를 포함한다.

5세대 전투기의 경우 소수의 신형 J-20을 작전에 배치했다. J-20은 현재 성능 개량을 준비 중이기도 하다. 스텔스 기능을 유지하고 추력 벡터링 엔진 노즐(Thrust Vectoring Nozzle)을 설치한다. 이는 비행기의 추력의 방향을 변화시키는 기능으로 기체의 자세제어가 더욱 민첩해짐으로써 고기동성을 가능하게 한다. 그리고 공대공미사일(AAM) 수를 늘려 전투력을 강화하고 더 높은 추력의 국내산 WS-15 엔진을 설치해 슈퍼순항 기능을 추가한다. 수출용 또는 차기 항공모함용 해군 전투기로 소형 J-31에 대한 개발도 계속해서 이루어지고 있다.

[자료 2-18] 추력 벡터링 엔진 노즐과 WS-15 전투기 엔진

SOURCE : World War Wing, China Arms

미 국방부는 다음과 같이 보고한 바가 있다.

> "중국은 2009년부터 5세대 전투기 능력을 개발해왔다. 미국 외에 스텔스 전투기 프로그램 2개를 동시에 보유한 국가는 중국을 제외하고는 없다. 중국은 전력 투사 능력을 개선하고 공격하는 능력을 강화하기 위해 이 첨단 항공기를 개발하려고 한다."

중국은 스텔스 전투기에 중점을 둔 5세대 전투기 국내 개발을 강조하고 있다. 중국은 서방군이 스텔스 전투기를 사용하는 것을 관찰했다. 5세대 전투기는 중국 영토 보호용 공군으로부터 공세 및 방어 작전을 대외적으로 수행할 수 있는 공군으로 전환하는 핵심 능력으로 보고 있다. 중국 지도자들은 스텔스 전투기가 적의 동원 및 방어 작전 수행 시간을 지연시키는 공격 작전상의 이점을 제공한다고 믿는다. 참고로 미국과 서방군이 5세대 전투기라고 부르는 것을 중국은 4세대 전투기라고 한다. 왜냐하면, 중국군에는 1세대 전투기가 없었기 때문이다. 중국의 최초 1세대 전투기는 러시아에서 인수한 2세대 전투기였다.

공군에서 사용하는 폭격기도 해군항공과 마찬가지로 H-6 계열을 사용한다. 이는 소련에 의해 개발된 Tu-16 쌍발 제트 폭격기의 국내 생산품이다. 폭격기의 상대적인 나이에도 불구하고, 중국은 이 항공기의 작전 효율성을 유지하고 향상하기 위해 노력했다. 최근 몇 년 동안 중국은 더 많은 수의 H-6K를 배치했다. 이는 장거리 미사일로 무장 가능하도록 개량되고, 보다 효율적인 터보팬 엔진을 특징으로 하는 현대화된 H-6의 개량형이다. H-6K는 6개의 지상공격 순항미사일(LACM)을 탑재할 수 있어 중국 본토에서 괌을 공격할 수 있는 장거리 정밀 타격 능력을 제공한다.

2019년, 중국 건국 70주년 퍼레이드에서 공군은 장거리 타격에 최적화된 H-6K의 개량형인 H-6N을 공개했다. H-6N은 수정된 동체가 특징이며, 하부에 큰 오목한 부분은 무인 항공기 또는 공중발사 탄도미사일(ALBM)을 외부로 운반할 수 있도록 설계됐다. H-6N이 가지고 있는 공대공 급유 능력은 공중에서 급유할 수 없는 다른 H-6 변종보다 더 넓은 작전 범위를 제공한다. 구소련의 구식 플랫폼에 기반을 둔 H-6 시리즈의 후속작은 H-20으로 명명되어 2025년쯤 공군에 투입할 것으로 예상한다. 일부 보고서에서는 H-20이 스텔스 형태의 설계라고도 주장한다.

[자료 2-19] H-6K와 H-6N 폭격기 비교

SOURCE : Military Watch Magazine

중국은 지역 및 글로벌 목표물로 전력 투사 능력을 확장하기 위해 새로운 중거리 및 장거리 스텔스 폭격기를 개발하고 있다. 2016년에 이 프로그램을 공개적으로 발표했지만, 논평가들은 이러한 유형의 고급 폭격기를 개발하는 데 적어도 10년 이상이 걸릴 것으로 예측한다. 스텔스 기술은 이 새로운 폭격기의 개발에서 핵심적인 역할을 할 것이며, 빠르면 2025년에 초기 작전 능력에 도달할 수 있다. 이 새로운 폭격기에는 미국의 B-2 폭격기와 유사하게 많은 5세대 전투기 기술이 사용될 것이다.

공군 수송 능력은 노후된 러시아산 일류신 Il-76 몇 대에 의존하고 있다. 중국 관측통들은 공군의 전략적 투사 능력이 부족하다고 지적한다. 2011년 리비아에서 중국인 대피, 실종된 말레이시아 항공 MH370편 수색, 2015년 네팔 지진 이후 인도적 지원과 국내 재난 구호 활동에 Il-76 수송기를 사용했다. 그러나 중국 전략가들은 이러한 노후화된 항공기가 중국의 현재와 미래의 전략적 공수 수요를 충족할 수 없다고 지적한다. 따라서 분석가들은 중국 최초의 국내 개발 대형 수송기인 Y-20의 중요성을 강조한다. 특히 중국 전문가들은 긴급 상황 대응, 해외 중국인 안전 확보 등의 임무에서 Y-20의 중요성을 강조했다. 중국군에서 공군의 일부인 공수 부대를 수송하는 것은 또 다른 중요한 임무가 될 수 있다. 한 중국 평론가는 Y-20의 전략적 중요성이 스텔스기와 항공모함보다 더 크다고 밝혔다. 2015년에 공개된 공군 조종사 모집 비디오에 J-20 스텔스 전투기와 Y-20 대형 수송기의 두 가지 개발 플랫폼이 두드러졌던 사실도 이러한 점을 반영한다. 중국 평론가들은 Y-20 수송기는 정찰, 공중 급유, 공중 조기 경보기 개발 등과 같은 다른 플랫폼의 개발에 도움이 될 것이라고 평가한다. Y-20은 2013년 첫 비행을 했으며, Il-76과 같은 러시아 엔진을 사용하는 것으로 알려졌다. 2016년 11월에 주하이(珠海) 에어쇼에서 처음 Y-20이 데뷔했다. 최근 Y-20 항공기 3대가 러시아에서 열린 코카서스(Kavkaz) 2020 훈련에 서부 전역 사령부에 소속된 부대를 수송하기 위해 배치되어 국가 간 최초의 중장비 공수를 기록했다. 중국의 수송능력은 세계 최대 수상 비행기 AG600 전력화로 Y-20을 보완한다.

[자료 2-20] 일류신 Il-76와 Y-20 대형 수송기

SOURCE : AERONEF, Weaponnews.com

공군은 다양한 특수 임무 항공기를 운용한다. KJ-2000, KJ-500 및 KJ-200과 같은 공중조기경보통제기는 적의 위협을 탐지, 추적 및 표적화하는 능력을 강화한다. 이 항공기는 국가의 통합 방공 시스템 네트워크의 범위를 확장한다. 이러한 시스템은 더 먼 거리에서 저고도 표적을 탐지하는 데 더 적합하다. 또한, 즉각적인 표적 업데이트를 제공하는 능동형 전자주사식 위상배열(AESA) 레이더, 고급/특수 레이더 모드 등 첨단 기술을 사용해 수천 개의 목표물을 동시에 목표로 지정하거나 추적한다. 다양한 기능이 결합해 더 빠른 표적 획득 시간, 더 정확한 표적 위치 데이터 및 낮은 식별 가능한 표적을 감지하는 향상된 기능을 제공한다. 게다가 공중 급유 프로브가 장착된 KJ-500을 최소 한 대 이상 생산했으며, 이는 항공기의 지속적인 공중 조기 경보 통제 능력을 향상할 것이다. H-6 폭격기의 개량형 H-6U와 우크라이나에서 구입한 일류신 Il-78은 공중 급유 작전을 수행할 수 있다. 급유 프로브(Probe)를 장착한 전투기와 폭격기를 결합한 운용은 작전 범위를 확장할 수 있다는 것을 의미한다. Y-20 대형 수송기는 공중 급유기로 개량 중이며, 중국 본토의 기지에서부터 제1도련선 너머로 작전할 수 있는 공군의 능력을 향상할 수 있다. 공군은 2019년에 전자전을 위한 새로운 Y-9 항공기가 선보였다.

최근 중국은 다양한 무인 항공기(UAV)를 개발하며 운용하고 있다. 2018년 11월에 주하이 에어쇼와 2019년 건국 70주년 퍼레이드에서 다양한 무인 항공기를 공개했다. 무인 항공기(UAV)는 지난 몇 년 동안 공식 언론 보도, 중국 웹사이트에 지속해서 등장하고 있다. 앞으로 무인 항공기(UAV)는 중국군에게 점점 더 중요한 전력으로 부상할 것으로 보인다. 미국의 한 인용은 "중국 공군은 유인 전투기 외에도 스텔스 기술을 적용한 무인 항공기, 특히 공대지 공격 역할을 하는 항공기에 필수적인 것으로 보고 있다"라고 했다. 일부 플랫폼을 남중국해, 서부 지역, 하이난(海南)섬 등에 배치하고 있다. 고성능 무인 항공기(UAV)는 로켓추진 초음속 WZ-8, 스텔스 기능이 포함된 GJ-11, CH-7 등이 있다. 청두에 있는 사천등순과기유한공사(四川騰循科技有限公司)는 TW328과 같은 무장 무인 항공기(UAV)와 대형 이중 엔진 TW356 수송용 무인 항공기(UAV)도 전시했다. 이 회사가 생산하는 XY-280 스텔스 무인기는 매우 낮은 레이더 단면적(RCS)의 스텔스 효과를 갖추고 있으며, 최대속력은 마하 0.72로 약 2시간의 작전시간을 갖고 있다. 최근 중국은 무장 무인 항공기(UAV)를 이라크와 같은 타국에 판매했다. 중국의 무장 무인 항공기(UAV)에 대한 마케팅 자료는 속도, 비행지속시간, 무장 능력 등에 관한 내용을 포함하고 있다.

[자료 2-21] GJ-11과 CH-7 무인 항공기(UAV)

SOURCE : China CCTV, SAE International

[자료 2-22] TW328과 TW356 무인 항공기(UAV)

SOURCE : Chinese Military Drone, Defense Update

공군은 러시아산 S-300 대대와 국내 생산 HQ-9 대대로 구성된 세계 최대의 첨단 장거리 대공 방어체계 중 하나를 보유하고 있다. 전략적인 장거리 방공망을 개선하기 위해 중국은 러시아와 S-400 지대공미사일(SAM) 체계를 구입하는 계약을 체결했다. HQ-9의 개량형인 HQ-9B도 개발 중에 있는 것으로 보인다. 또한, 탄도미사일 방어(BMD) 기반을 보강하기 위해 HQ-19와 더불어 최첨단 요격 기술인 운동 에너지 요격(KEI) 미사일을 활용한 미사일 방어 시스템을 개발하고 있다. 운동 에너지 요격(KEI) 미사일은 80km 이내 고도에서 탄도미사일이나 항공기를 요격하기 위한 목적이다.

지난 몇 년 동안 아시아 태평양 지역에서 이러한 중국과 미국 간의 안보 경쟁이 가열되고 있다. 공군력은 미국과 중국이 아시아 태평양 지역에서의 열망을 달성하는 기본적 능력이 됐다. 미 공군이 가진 감시 및 정찰, 빠른 글로벌 이동성, 글로벌 타격, 명령과 통제 능력은 중국이 기술 격차를 줄여야 할 부분이다. 시 주석은 종종 중국 공군을 전략군으로 언급해 국가 안보와 군사 전략 전반에서 미군을 뛰어넘는 능력을 요구하고 있다. 미·중 간의 공군력 경쟁은 위험한 공중 조우를 포함해 무수히 많은 방식으로 나타난다. 예를 들면 다음과 같다. 2017년 5월, 두 대의 Su-30 중국 전투기가 동중국해 상공을 비행하고 있는 미 공군 WC-135(방사선 탐지기)에서 150피트 이내로 비행했다. 2017년 2월, 스카버러 암초(Scarborough Shoal) 근처에서 정기 임무를 수행하는 미 해군 P-3C는 중국 KJ-200과 잠재적으로 조우를 피하려고 경로를 변경해야 했다. 2016년 5월, 중국 J-11 전투기는 남중국해 국제 영공에서 일상적인 순찰 임무를 수행하는 미 해군 EP-3E 항공기를 비난했다. 이에 대응해서 미군은 공중의 우위를 되찾기 위해 다양한 형태의 노력을 했다. 2017년 2월, 북한의 미사일 시험 발사가 실패한 후 미 공군은 B-1B 전략 폭격기 4대를 괌에 배치해 이 지역의 억지력과 글로벌 타격 능력을 강화했다. 2016년 6월에는 미국과 필리핀 양국 훈련을 위해 미 해군 EA-18G 전자전 항공기를 임시로 필리핀에 파견을 보냈다. 전반적으로 미 국방부 분석가들은 중국이 군의 현대화를 계속하고 있으며, 광범위한 능력에 걸쳐 서방 공군과의 격차를 빠르게 좁히고 있다고 평가한다. 그들은 중국 공군의 현대화가 미국이 보유한 상당한 기술적 우위를 점차 침식하고 있다고 판단한다.

중국에 있어 미군을 뛰어넘을 수 있는 수준의 공군 능력 강화에 정보의 효과적인 사용은 매우 중요하다. 이러한 맥락에서 공군은 지상 지원과 공중 우세를 포함한 전통적인 공군 임무를 효과적으로 지원하기 위해 감시 및 정찰 능력과 더불어 새로운 우주 능력을 개발하고 사용하려고 할 것이다. 이것은 본질적으로 모든 항공 및 우주 능력을 원활하게 통합하는 것을 의미하며, 중국의 과감한 도전적 영역이라고 보인다.

2017년 광범위한 공군의 개혁을 목적으로 군 구조를 재편했다. 변경 사항에는 최소 6개의 새로운 공군 기지를 구축했다. 전투 및 전투 폭격기 사단을 해체했으며, 이전에 예속됐던 연대를 새로 설립된 기지 아래 여단으로 재구성하는 것이 포함됐다. 일부 부대는 다른 전구사령부로 재배치 또는 재예속됐고, 15공수군단은 공군 공수군단으로 재지정됐다.

15공수군단은 고정익과 회전익 자산을 모두 갖춘 특수 작전 그룹의 지원을 받는 3개의 공수 사단으로 조직되어 있었다. 공군 공수군단에는 6개 공수 여단, 특수 작전 여단, 항공 여단 및 지원 여단이 포함된다. 이 여단들 중 적어도 하나는 공중 투하 가능한 궤도형 03식 보병 전투 차량으로 기계화되어 있다. 중국군 교리에 따르면, 공수 작전의 주요 이점은 지상 방어선과 지형적 장애물을 가로질러 적 배치 내부에서 직접 공격을 전개하는 것이라고 기술되어 있다. 공수 작전을 통해 주력 작전을 지원하고, 적의 종심에 있는 주요 표적 및 지역(비행장, 교량 등)을 탈취 및 유지, 적의 퇴각을 차단, 적 예비군의 증원을 차단, 주요 표적에 대한 기습을 수행하도록 설계됐다. 2020년은 공수 부대 창설 70주년이 되는 해였다. 최근 몇 년 동안 새로운 장비 전력화를 통해 공수 부대가 통합된 지상 임무를 수행할 수 있을 것으로 보인다.

최근 공수부대는 중요한 연합 및 합동 훈련을 실시했다. 2020년에는 해상환경에서 해군과 합동 훈련을 실시했고, Y-20의 첫 중장비 공수 훈련을 실시함으로써 공군 부대들과의 통합을 증가시켰다. 또한 항공, 철도 등 민간 물류 인프라와 협력해 장비를 수천 킬로미터 떨어진 장소로 이동하는 공수 작전을 수행했다. 2019년에는 공수 군단의 여단들 중 1개가 러시아의 'TSENTR-2019' 훈련에 참가해 러시아군과 공수 상륙 작전을 포함한 연합 공수 작전을 수행했다.

[자료 2-23] 03식 보병 전투 차량과 Y-20 수송기

SOURCE : Army Recognition, Asia Times

로켓군

2015년 말에 시작된 군사 개혁의 목적으로 제2포병 부대는 로켓군으로 이름이 변경됐다. 육·해·공군과 같이 동등한 지위로 승격된 것이다. 로켓군은 전략적 지상 기반 핵과 재래식 미사일 부대와 관련된 기지를 가지고 있다. 수십 개의 지상 기반 미사일 부대는 공군과 해군의 공중 및 해상 기반 정밀 타격 능력을 보완한다. 2019년, 로켓군의 중국 건국 70주년 열병식 참가는 시 주석이 2016년과 2017년에 처음 발표한 '전략 능력의 큰 상승'을 달성하고 있음을 보여주었다. 로켓군은 지역 분쟁에 대한 제삼자의 개입에 대응하기 위한 중국의 억제 전략 및 노력의 중요한 구성 요소다. 새로운 장거리 미사일 및 개량형을 개발하고 시험하며, 탄도미사일 방어(BMD)에 대응하는 방법을 개발하는 임무도 맡고 있다. 2019년 국방백서에 따르면, 핵 억지력, 정밀 타격 부대의 중·장거리에도 신뢰할 수 있는 반격 능력, 전략적 균형 능력을 강화해 강력하고 현대화된 미사일 전력을 구축하기 위해 노력하고 있다.

로켓군은 다양한 지상발사 탄도미사일(GLBM)과 순항미사일(GLCM)을 운용하고 있다. 탄도미사일에는 적의 군사 및 민간 시설에 대한 정밀

타격을 위한 단거리에서부터 대륙 간 탄도미사일(ICBM)까지 다양한 범위 미사일이 포함된다. 사거리에 따라 단거리 탄도미사일(SRBM, 사거리 300~1,000km), 준중거리 탄도미사일(MRBM, 사거리 1,000~3,000km), 중거리 탄도미사일(IRBM, 사거리 3,000~5,500km), 대륙 간 탄도미사일(ICBM, 사거리 5,500km 이상)로 구분이 될 수 있다.

로켓군은 1,200기 이상의 단거리 탄도미사일(SRBM)과 약 200개의 발사기를 보유하고 있다. 대표적인 단거리 탄도미사일(SRBM)은 DF-11(사거리 600km), DF-15(사거리 725~850km), DF-16(사거리 700km~1,000km)이 있다. 중국은 재래식 단거리 미사일 전력의 치사율을 높이고 있다. DF-16은 대만뿐만 아니라 다른 지역 목표물을 공격하는 중국의 능력을 향상할 것이다. 2017년 건군 90주년 열병식에서 DF-16G로 명명된 새로운 준중거리 탄도미사일(MRBM)을 선보였다. 중국은 이것이 높은 정확도, 짧은 준비 시간, 미사일 방어체계에 더 잘 침투할 수 있는 향상된 기동성을 특징으로 한다고 주장했다.

[자료 2-24] DF-15와 DF-16 단거리 탄도미사일(SRBM)

SOURCE : Army Recognition, MDAA

로켓군은 약 150개의 준중거리 탄도미사일(MRBM) 발사기와 150기 이상의 미사일을 배치하고 있다. 이는 지상 목표물과 제1도련선 내에서 작전하는 해군 함정에 대한 정밀 타격을 수행할 수 있음을 의미한다. 대표적인 준중거리 탄도미사일(MRBM)은 DF-21(사거리 1,500km)이 있다. DF-21은 지상 공격뿐만 아니라 수상함의 정밀 타격이 가능하다. 이는 세계 최초의 대함 탄도미사일(ASBM)이다. 개량된 DF-21D는 항공모함을 포함한 선박에 대해 더 멀리 정밀 타격을 수행할 수 있는 능력을 제공한다. 이는 중국 본토에서 대만 동부의 함선을 공격할 수 있다. DF-21D는 사거리가 1,500km가 넘고, 기동탄두 재진입체(MARV)가 장착되어 있는 것이 특징이다. 기동탄두 재진입체(MARV)란 기동이 가능한 탄두를 가진 탄도미사일을 말한다. 2020년에 중국은 남중국해의 움직이는 목표물에 대해 대함 탄도미사일(ASBM)을 발사했지만 그렇게 한 것을 인정하지 않았다. DF-21 준중거리 탄도미사일(MRBM)과 단거리 탄도미사일(SRBM)이 결합한 공격 형태는 그 치명률을 더욱 높일 수 있다.

중국은 준중거리 탄도미사일(MRBM) 중 DF-17 극초음속 미사일이 있다. 2020년에 작전 배치를 시작했으며, 일부 구형 단거리 탄도미사일(SRBM)을 대체할 가능성이 있다. DF-17은 재래식 플랫폼이지만, 2019년 중국항천과공집단유한공사(中国航天科工集团有限公司)의 익명의 관리를 인용한 언론 보도에 따르면 핵탄두를 장착할 수 있다. 핵탄두 장착 가능 측면에서 DF-26 중거리 탄도미사일(IRBM)과 매우 흡사하다. 2020년 중국의 한 군사 전문가는 DF-17의 주요 목적이 서태평양의 외국 군사 기지와 함대를 공격하는 것이라고 설명했다. 초음속 무기는 탄도 또는 순항미사일과 비교하면 두 가지 장점을 제공한다. 첫 번째 특징은 기존의 탄도미사일 탄두와 달리 초음속 탄두는 기동을 통해 미사일 방어체계를 더 잘 회피하고 낮은 고도에서 목표물에 접근할 수 있다. 두 번째 특징은 속도다. 초음속으로 접근하는 탄두는 동시에 여러 목표물을 처리해야 하는 경우 방어하는 쪽의 공격 대응 시간을 크게 줄인다.

중국은 약 200개의 중거리 탄도미사일(IRBM) 발사대와 200기 이상의 미사일을 배치했다. 중거리 탄도미사일(IRBM)은 제2도련선의 괌까지 정밀에 가까운 타격을 할 수 있다. 정찰 위성이 제공하는 네트워크는 장거리 정밀 타격을 지원하기 위해 중국에서 먼 거리의 표적화 기능을 제공한다. DF-26(사거리 3,000km)은 도로 이동식이며 핵 및 재래식 탄두 모두 장착할 수 있다. 지상 목표물에 대한 정밀 타격이 가능하며, 아시아 태평양 지역에서 중국의 대응 태세에 기여한다. 중국은 2015년 9월 베이징 열병식에서 DF-26를 처음으로 공개했다. 열병식 동안 공식 공개 성명에서는 DF-26의 핵 버전도 언급했는데, 이는 중국에 전구 목표물에 대한 최초의 핵 정밀 타격 능력을 제공하는 것이다.

중국은 고정식 및 이동식 발사기를 포함해 75~100기의 대륙 간 탄도미사일(ICBM)을 보유하고 있다. 미국을 위협할 수 있는 지상 기반 대륙 간 탄도미사일(ICBM)의 탄두 수는 향후 5년 동안 약 200개로 증가할 것으로 예상한다. 고정식은 지하 격납고 기반 핵 대륙 간 탄도미사일(ICBM)을 유지하고 있으며, 상대의 공격에 비교적 자유로운 이동식 핵 운반 시스템을 추가해 핵 억지력을 계속 강화하고 있다. 지하 격납고 기반 대륙 간 탄도미사일(ICBM)은 DF-5A가 있다. 이것의 개량형인 DF-5B는 다탄두 각개목표설정 재돌입 탄두(MIRV)를 최대 5개 운반할

[자료 2-25] DF-5B 대륙 간 탄도미사일(ICBM)과 다탄두 각개목표설정 재돌입 탄두(MIRV)

SOURCE : Missile Threat, Quora

수 있다. 이는 1개의 미사일에 실려 각기 다른 목표를 공격하도록 유도되는 복수의 탄두를 의미한다. 후속 개량형인 DF-5C가 개발 중일 가능성이 크다.

DF-31과 DF-31A는 고체 연료를 사용하며 도로 이동식이다. 언론 보도에 따르면 DF-31B도 개발 중일 수 있다. DF-31A는 11,200km 이상의 사거리를 가지며, 미국 본토 내 대부분의 위치에 도달할 수 있다. DF-31A도 DF-5B와 마찬가지로 다탄두 각개목표설정 재돌입 탄두(MIRV)를 탑재할 수 있다. 추가적으로 중국은 새로운 다탄두 각개목표설정 재돌입 탄두(MIRV) 가능 도로이동 대륙 간 탄도미사일(ICBM)인 DF-41을 개발했다. 2019년 퍼레이드 동안 최소 16대의 도로 이동식 DF-41 발사대를 노출했고, 2개 여단이 존재한다는 설명과 함께 전력화됐다. 중국은 철도 이동과 지하 격납고 등 추가 DF-41 발사 옵션을 고려하고 있다. 지속해서 지상 발사 핵전력을 강화하기 위해서 여러 지하 격납고를 건설 중인 것으로 보인다.

[자료 2-26] DF-31A와 DF-41 대륙 간 탄도미사일(ICBM)

SOURCE : Army Recognition

중국은 탄도미사일뿐만 아니라 다양한 순항미사일도 운용하고 있다. 로켓군은 약 100개의 지상공격 순항미사일(LACM) 발사기와 300기 이상의 미사일을 배치하고 있다. 주요 전력으로는 DF-10(사거리 1,500km)과 DF-100(사거리 2,000km) 지상발사 순항미사일(GLCM)이 있다. 순항미사일은 탄도미사일보다 몇 가지 장점이 있다. 더 저렴하고 다양한 플랫폼에서 발사할 수 있으며, 다양한 공격 각도에서 표적을 공격할 수 있다. 이와 더불어 작은 레이더 신호와 낮은 고도에서 비행할 수 있는 능력 덕분에 방공 레이더를 더 쉽게 회피할 수 있다. 그리고 지상공격 순항미사일(LACM)은 주요 작전 및 계획 유연성을 제공한다. 이 무기는 탄도미사일 부대의 부담을 줄이고, 항공기보다 안전한 타격 기회를 제공해 훨씬 더 먼 거리와 더 유리한 위치에서 교전할 수 있게 해준다. 이것은 상대방의 대공 및 미사일 방어 문제를 복잡하게 만들 것이다.

[자료 2-27] DF-10과 DF-100 지상 발사 지상공격 순항미사일(LACM)

SOURCE : MDAA, CSIS

현재 중국은 여러 가지 새로운 중국 전역 범위의 미사일을 개발 및 시험하고 있으며, 적의 탄도미사일 방어(BMD) 시스템에 대응할 수 있는 능력과 방법을 개발하고 있다. DF-5B, DF-31A, DF-41 대륙 간 탄도미사일(ICBM)은 공통으로 단일 탄두 또는 다탄두 각개목표설정 재돌입 탄두(MIRV)를 가질 수 있다. 여기에 전파 방해기와 같은 침투 보조 장치를 장착할 수도 있다. 중국은 다탄두 각개목표설정 재돌입 탄두(MIRV) 능력의 도입으로 인해 증가된 핵 탄두 생산을 요구할 것이다. 그리고 더 많은 대륙 간 탄도미사일(ICBM) 전력화로 일부 부대의 발사기 수를 2배로 늘리고 있는 것으로 보인다. 추가로 새로운 장거리 DF-27 탄도미사일이 개발 중인 것으로 보인다. DF-27의 사거리는

5,000~8,000km 정도 될 것으로 보이며, 이것은 새로운 중거리 탄도 미사일(IRBM) 또는 대륙 간 탄도미사일(ICBM)이 될 수 있음을 의미한다.

전략지원군

현대전을 위한 재구조화 노력의 목적으로 중앙군사위원회는 2015년 전략지원군을 창설했다. 이 새로운 조직은 이전에 분산된 기능을 통합해 중국의 우주, 사이버, 전자전 및 심리전 능력에 대한 보다 중앙 집중식 명령 및 통제를 제공하기 위한 것이다. 2015년 구조 개혁 이전에는 총군비부와 총참모부 전반에 걸쳐 임무가 분산되어 있었다. 우주, 사이버 및 전자전 임무에 대한 책임이 총참모부 기술 부서와 전자전 대응 및 레이더 부서에 있었다. 이러한 변화는 정보 영역에 대한 현대전의 전략적 자원으로서 중국의 이해 정도를 보여준다. 설립의 원동력 중에는 정보 지배를 달성해야 한다는 견해가 주요했다. 미국의 사이버 능력과의 격차에 대한 명백한 우려도 있었고, 전장에서 적의 전자기 스펙트럼 사용을 거부하는 등 분쟁에서 전략적 주도권을 장악하고 유지하는 데 필요하다는 판단이었다. 2019년 국방백서에서 전략지원군의 현대화 목표를 "핵심 분야에서 큰 발전을 이루고 신형 전투부대의 통합 발전을 가속화해 강력하고 현대화된 전략 지원군을 구축하는 것"이라고 설명했다.

전략지원군 속에는 임무에 따라 크게 2개의 부서로 나뉜다. 즉 우주 작전을 책임지는 우주 시스템부와 기술적 정찰, 전자전, 사이버 전쟁 및 심리 작전을 책임지는 네트워크 시스템부다. 전략지원군은 우주, 사이버, 지상 기반 수단에서 파생된 정보 지원을 각 군과 5개 합동 전구사령부에 제공한다. 전략 조직으로서 전략지원군은 중앙군사위원회에 직접 종속되지만, 전시에는 각 전구 합동사령부에 보고할 수 있다. 그래서 전략지원군은 가능하다면 국가 전략 합동 훈련을 포함해 중국 전역에서 합동 연습 및 훈련에 참여한다. 예를 들어 2019년과 2020년에 지휘소를 설립하고, 전구 합동사령부에 합동 통신을 제공하는 능력을 시연하고 평가했다. 이러한 훈련을 통해 합동 작전을 지원하고 동중국해와 남중국해로 전력을 더 잘 투사할 수 있도록 능력을 개선할 수 있다. 또한, 전략지원군은 여러 대학교와 구 총참모부 56 및 57 연구기관을 포함해 학술 및 연구 기관도 운영하고 있다. 이 기관은 우주 기반 감시, 정보, 무기 발사 및 조기 경보, 통신 및 정보 공학, 암호학, 빅데이터, 정보 공격 및 방어 기술 프로그램을 수행한다.

우주 시스템부는 우주전, 우주 발사 및 지원, 우주 정보 지원, 우주 원격 측정 등 거의 모든 우주 작전을 책임지고 있다. 중국은 2015년 국방백서에서 처음으로 우주를 공식적으로 새로운 전쟁 영역으로 지정했다. 아군에게는 장거리 정밀 타격을 가능하게 하고, 적에게는 우주에서 C4ISR 시스템을 사용하는 것을 거부할 수 있다. 전략지원군은 나미비아, 파키스탄, 아르헨티나에서 추적, 원격 측정 및 지휘소를 운영하고 있다. 그리고 C4ISR 아키텍처에 필수적인 위성의 발사, 추적, 연구 개발 및 운영을 핵심 임무로 하는 기지를 포함해 최소 8개의 기지를 운영하고 있다. 이와 더불어 위성 및 대륙 간 탄도미사일(ICBM) 발사를 추적하는 원망(远望)급 선박 6척을 운영하고 있다.

중국의 우주 능력은 빠르게 성장하고 있다. 이 속에는 전략지원군뿐만 아니라 국유 기업, 학술 기관, 상업 단체 등 군사, 정부 및 민간 조직을 망라한다. 역사적으로 중국 전체의 우주 프로그램은 중국군이 관리해왔으며 현재는 전략지원군이 책임지고 있다. 중국은 공식적으로 우주 무기화에 반대하고 있다. 그런데도 중국은 군사적 우주 능력을 계속 강화하고 있다. 특히 2020년에는 많은 성과가 있었다. 중국은 미국과 소련에 이어 성공적으로 우주선을 발사하고 회수한 세 번째 국가가 됐다. 이 우주선은 우주에서 약 이틀을 보낸 후 두 번째 물체를 방출하고 궤도를 이탈해 중국 서부의 비행장에 착륙했다. 중국은 전 세계에 적용되는 위성 항법 체계인 '베이더우(北斗) 시스템'과 아시아 태평양 지역에 서비스를 제공하는 위성도 운영하고 있다. 두 시스템 모두 사용자에게 위성 항법 및 대량 통신 서비스를 제공할 뿐만 아니라 중국군에 명령 및 제어 옵션을 제공해 미국 GPS에 대한 중국의 의존도를 줄인다. 2020년 10월 12일에는 지구의 자전 주기와 동기화된 궤도 위성인 가오펀-13(高分-13)을 발사해 서태평양과 인도양을 지속해서 관측하고 있다. 중국은 위성이 토지 조사, 농업, 환경 모니터링, 날씨 및 재난 대응에 사용될 것이라고 주장한다. 그러나 다른 가오펀 위성과 마찬가지로 해상 표적 추적과 같은 군사 요구 사항을 해결할 수 있다. 2020년 기준으로 중국의 정찰 및 원격 감지 위성 그룹은 민간, 상업 또는 군 소유주와 운영자를 위해 데이터를 수집하도록 설계된 200개 이상의 위성으로 구성되어 있다. 군은 이러한 시스템의 약 절반을 소유하고 운영한다. 대부분은 타국의 군대를 모니터링, 추적 및 표적화하면서 우발 상황을 지원할 수 있다. 그리고 2020년 내내 창정(長征)-5, 창정-5B, 창정-8 등 발사체 발사를 통해 국가 우주 수송 능력을 과시했다.

위기 또는 충돌 중에 우주 영역에 대한 적의 접근 또는 거부할 수 있는 대우주 능력을 지속해서 개발하고 있다. 이 속에는 운동 에너지 요격체(KKV), 지상 기반 레이저 무기, 궤도를 도는 우주 로봇 등이 있다. 특히 중국은 지구 저궤도 위성을 겨냥한 지상 기반 대위성(ASAT) 미사일을 운용하고 있다. 여기에 더해 정지 위성을 파괴할 수 있는 추가 대위성(ASAT) 무기를 획득할 계획이다. 중국은 2007년 대위성(ASAT) 미사일을 사용해 기상 위성을 파괴했다고 확인한 이후 새로운 프로그램의 존재를 공개적으로 인정하지 않았다. 그런데도 중국 국방 학자들은 종종 대우주 공격 기술에 대해 발표한다. 이 학자들은 적의 정보 시스템을 불구로 만들거나 파괴하는 것은 적의 전투 능력을 크게 저하하는 것이라고 강조한다.

네트워크 시스템부는 우주 영역을 제외한 정보전을 담당한다. 여기에는 사이버전, 기술 정찰, 전자전 및 심리전을 포함한다. 2015년 개혁 이전 흩어져 있던 조직 및 임무 구조에서 정보 공유에 대한 문제점을 해결하기 위해 조직을 통합했다. 이는 2000년대 초반부터 구상한 통합 네트워크 및 전자전 작전 개념을 실현하기 위한 중요한 단계였다. 네트워크 시스템부는 여러 기술 정찰 기지, 신호 정보국, 연구 기관 등을 운영한다. 다양한 지상 기반 기술 수집 자산을 활용해 지리적으로 분산된 작전 부대에 공통 정보를 제공하는 것이다. 여기에는 구 총정치국의 311기지도 포함된다. 311기지는 3개 전쟁(심리전, 여론전, 법률전)과 관련된 임무 및 역할을 수행하는 것으로 알려져 있다.

합동군수지원군

합동군수지원군은 중국군 전체의 전략 및 전역 수준에서 물류를 간소화하기 위해 2016년에 창설됐다. 이러한 변화는 중국군이 현대전에 필수적인 것으로 간주하는 합동군으로서 효율적인 전투 지향 현대 군수 시스템을 구축하려는 노력의 핵심이다. 그 역할은 통합 합동군수지원을 제공하는 것이다. 구체적으로는 전역 보급 작전을 감독, 각 군 군

수 요소 간의 지원 관계를 수립 및 조정, 각 군과 합동군수 훈련을 수행, 민간 자원을 군사 작전에 통합하기 위해 노력한다. 2019년 중국 건국 70주년 기념 퍼레이드에서 대외적으로 데뷔했다. 2019년 국방백서에 따르면, 강력한 합동군수지원군을 구축하기 위해 통합 합동군수 능력을 강화하며, 강력하고 현대화된 합동 작전 시스템에 합동군수 기능이 통합되고 있다.

우한(武漢) 합동군수지원 기지에 본부를 둔 합동군수지원군은 중국군이 대규모 작전을 수행할 수 있도록 전략 및 전역 수준의 합동군수지원을 한다. 이 구조 속에는 병참지원을 합리화하기 위한 5개의 전구사령부와 연계된 5개의 하위 지원 센터가 있다. 평시에는 합동군수지원군이 이 5개 센터의 운영 및 활동을 통제하고, 전시에는 각 전구사령부가 통제한다. 2020년 2월에 전투 작전에 대한 군수지원 제공 기능에 집중하기 위해 합동군수지원 여단이 설립됐다.

합동군수지원군은 민간 물류를 군사 작전에 통합하고 있다. 매년 합동군수 작전을 수행하는 중국군 능력을 향상하기 위해 다양한 규모, 범위 및 복잡성의 훈련을 실시한다. 2020년 초 코로나19의 초기 발병에 대응해 군수지원을 제공하기 위해 민간기업과 조정하는 적극적인 역할을 했다. 특히 이 기간에 민간 철도 기관과 협력해 긴급 의료 물품을 고속철로를 통해 우한으로 운송했다.

04

중국군 지휘조직

중국은 2016년 초 5개 전구사령부 설립과 관련된 개혁을 계속 시행하고 있다. 동부, 남부, 서부, 북부 및 중부전구 5개 사령부는 7개의 육군 기반 군사 지역을 대체했다. 각각의 지리적 영역 내에서 현재 최고 '합동 작전 사령부' 조직이다. 각 전구사령부는 중앙군사위원회로부터 지시를 받고 전구 지역에 대한 작전 권한을 갖는다. 5개 사령부는 책임 영역 내에서 모든 재래식 전투 및 비전투 작전을 책임지고, 지휘 전략 및 전술을 개발하는 책임이 있다. 그 방향은 주변 위협에 대한 중국의 인식을 기반으로 한다. 주요 목표는 적과 싸워 승리할 준비를 하고, 합동 작전 계획과 군사 능력 개발을 통해 위기에 대응하며, 영토의 주권과 안정을 수호하는 것이다.

[자료 2-28] 2016년 개편된 5개의 전구사령부 체계

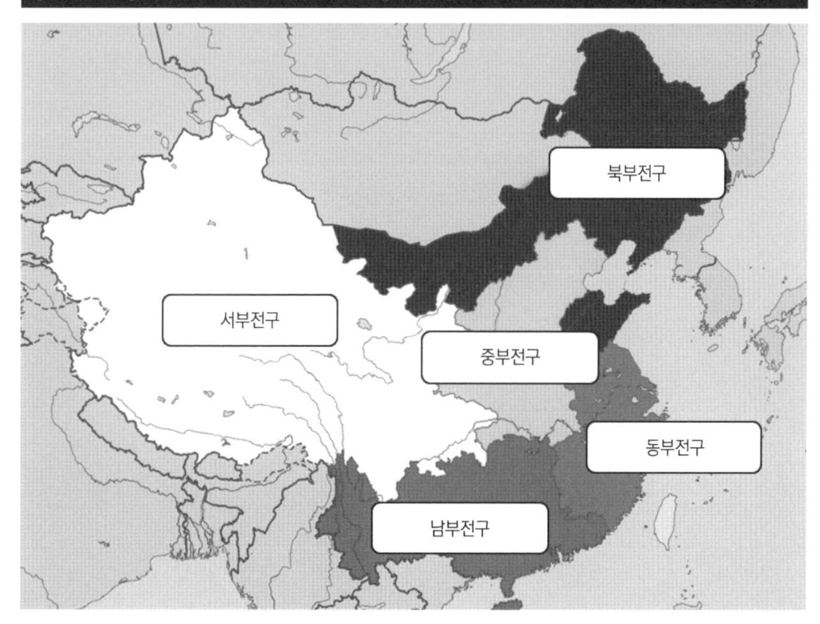

각 전구사령부의 임무는 [자료 2-29]와 같다.

[자료 2-29] 각 전구사령부의 임무

구 분	임무
동부전구사령부	대만, 동중국해 보호
남부전구사령부	남중국해, 동남아시아 국경 보호
서부전구사령부	인도, 중앙아시아, 신장 및 티베트의 대테러 임무
북부전구사령부	한반도, 러시아 국경 보호
중부전구사령부	북경 방어, 다른 전구에 위기 시 지원

동부전구사령부

동부전구사령부는 대만 해협과 센카쿠 열도 안팎의 우발 사태를 포함해 대만과 일본과 관련된 군사 문제에 대한 작전통제권을 행사할 것으로 보인다. 이를 위해 매년 전구급 합동 작전과 전투준비태세를 개선하기 위한 장거리 훈련과 동원, 공중전, 실사격 훈련 등으로 구성된 훈련을 시행한다. 훈련에는 폭격기, 전투기, 전자 교란 및 정보, 감시 및 정찰 항공기가 포함된다. 비상사태 발생 시 동부전구사령부는 전략 지원군 일부 부대에 대한 지휘권을 행사하고 정보 지원을 받는다.

최근 중국이 대만을 겨냥한 정치적, 군사적 압력을 강화하면서 중국과 대만 간의 긴장이 고조되고 있다. 2020년 1월, 중국의 선거 개입에도 불구하고 차이잉원(蔡英文) 총통은 재선에 성공했다. 중국은 2016년에 했던 대만과의 공식 커뮤니케이션을 계속 중단하고 있다. 대만이 이를 재개하려면 '1992년 합의'에 대한 중국의 견해를 받아들여야 한다는 확고한 입장을 중국은 고수하고 있다. 이 합의는 2019년 1월, 시 주석이 대만 국민들에게 한 연설에서 '하나의 중국 원칙'과 동일한 것이다. 이에 대해 차이 총통은 중국이 대만의 민주주의를 존중하고 아무런 전제 조건 없이 협상에 동의할 것을 촉구했다. 차이 총통은 2020년 5월의 취임사에서 이러한 중국의 태도에 대해 강한 불만을 표출했다. 중국은 또한 대만에 대한 외교적 압력을 행사해 세계보건기구, 국제민간항공기구 등 국제기구에 참여하려는 대만의 노력을 방해했다. 2019년에는 오세아니아에 위치한 솔로몬 제도와 키리바시를 설득해 대만과의 수교를 단절하게 했다. 여당인 민주진보당과의 교섭이 고착상태에 있음에도 불구하고, 중국은 계속해서 대만 국민당과 협력하고 있다. 중국과 대만은 상하이·타이베이 트윈시티 포럼과 같은 일부 양안 교류는 계속 이루어지고 있다.

중국은 대만 해협의 우발 상황에 대비해 대만이 독립을 향한 움직임을 포기하도록 억지하고 필요한 경우 강제하려고 한다. 대만 문제에 민감한 미국 등 제삼자의 개입을 억제, 지연 또는 거부하는 비상사태도 대비하고 있다. 대만을 겨냥한 정치적, 군사적 압력을 강화하면서 중국과 대만 간의 긴장이 고조되고 있다. 2019년 3월에는 2대의 J-11 전투기가 1999년 이후 처음으로 대만 해협의 비공식 중앙선을 넘었다. 그리고 비슷한 시기에 미국 및 연합군 항공기에 대한 대응 능력을 향상하기 위해 첫 번째 5세대 J-20 전투기를 이 지역 공군에 배치했다. 일본은 중국의 Y-8Q 대잠수함전(ASW) 항공기가 동중국해에서 처음으로 작전을 수행하는 것을 관찰했다. 2020년 8월과 9월에는 대만 인근에서 대규모 해상 및 공중 기동, 상륙 작전, 대만 해협 중앙선을 넘는 군사 훈련을 시행했다. 동부전구사령부 대변인은 이 훈련이 다용도 합동작전 능력을 시험하고 개선하는 것은 물론, 대만 독립 세력과 제삼자가 대만 해협 지역의 평화와 안정을 위협하는 것을 저지하기 위한 것이라고 말했다. 최근까지도 중국군은 대만 방공식별구역으로의 반복 비행과 섬 점거 작전 등과 같은 전투 훈련을 포함해 대만 해협 안팎에서 도발적인 행동을 늘렸다. 우발적인 위기를 촉발하는 것을 피하려고 수십 년간의 암묵적 합의인 대만 해협 '중앙선'의 존재까지 공개적으로 반박했다. 2017년에 발표된 대만의 국방 보고서는 대만 인근에서 증가하는 중국군의 군사 활동이 대만 해협의 안보에 막대한 위협이 되고 있다는 우려를 인용했다. 대만은 중국군의 진보에 대응하기 위한 비대칭 전쟁 개발에 중점을 둔 '다중 억제 전략'이 필요하다고 언급했다.

중국은 동중국해의 센카쿠 열도에 대한 영유권을 주장하고 있으며 대만도 동일하게 주장하고 있다. 일본은 이를 실제 점유하고 있으며,

섬이 미·일 상호 안보 조약 제5조의 범위에 속한다는 점을 계속해서 재확인하고 있다. 이에 미국은 센카쿠 열도의 영유권에 대해 입장을 취하지 않고 있지만, 중국의 일방적인 행동에 대해서는 반대한다. 중국은 이러한 상황에서 주권 주장을 가시적으로 나타내고 있다. 선박과 항공기를 동원해 잠재적인 우발 상황에 신속하게 대응하기 위해 섬 근처를 순찰하는 것이다. 2020년 7월에는 2척의 중국 해안 경비선이 12nm 영해 내에서 39시간 23분 동안 기록적인 순찰을 수행했다. 이 시간은 2012년 이래 센카쿠 영해 내에서 연속적으로 운항한 가장 긴 기록이 됐다. 2020년에는 중국 선박이 333일 동안 섬의 인접 해역에서 관찰되어 2019년의 282일 기록을 깨뜨렸다. 이와는 별도로 중국 해군은 일본 오키나와와 미야코 열도 사이를 지나 태평양으로 자주 진출한다. 동부전구에 소속된 해군 함대는 잠재적인 충돌에 대비하기 위해 정기적으로 동해에서 군사 훈련을 시행하고 있다.

동부전구사령부에 위치한 부대는 3개의 집단군, 1개의 해군 함대, 2개의 해병 여단, 2개의 공군 기지, 1개의 미사일 기지 등을 포함한다. 3개의 집단군은 71, 72, 73집단군으로 구성된다. 71집단군은 안후이(安徽)와 장쑤(江蘇)성 북부에 기반을 두고 있으며, 주로 기갑 체계다. 6개 통합 여단 중 4개 여단은 궤도 장갑차와 포병 중심의 중(重)여단 편제이며, 나머지는 1개 중(中)여단과 1개 경(輕)여단으로 구성된다. 중(重)형 여단에는 여전히 구형 장갑차와 포병의 비율이 비교적 높지만, 중(中)형 여단은 최신 08식 장갑차로 개편됐다. 72와 73집단군은 대만 해협을 건너는 상륙 작전을 목표로 하는 공통 구조로 되어 있다. 각각 2개의 상륙 작전여단과 1개의 중(重)여단, 2개의 중(中) 및 경(輕)여단이 있다. 72집단군은 상하이, 저장성, 장쑤성 남부에 주둔하고 있다. 73집단군은 대만 반대편 푸젠성에 주둔하고 있다. 이 두 집단군은 대만의 모든 비상 작전의 초기 단계를 구성하도록 지정됐다. 두 집단군은 71집단군에 비해 현대식 장비의 비율이 더 높은 편이다. 남부전구사령부 소속된 74집단군은 대만에 대한 상륙 작전 시 동부전구사령부의 통제를 받게 될 것으로 추정된다.

동부전구 해군은 대부분 상하이와 항저우 만의 첸탕강과 장강 어귀 주변에 모항 되어 있다. 배치된 2척의 디젤 잠수함 소함대 중 1척은 최신 국산 039A형이며, 다른 하나는 1990년대 러시아에서 인수한 킬로(Kilo)급 잠수함이다. 그리고 러시아 기반 052C/D형, 054A형 구축함, 056/056A식 초계함 등이 주요 수상 전력을 구성한다. 052C/D형, 054A형 구축함은 전투력을 끌어 올리기 위해 현대식 대함 및 함대공미사일이 탑재할 수 있도록 개조되고 있다. 그리고 2개의 기뢰전 소함대, 022형 미사일 함선으로 무장한 2개의 고속 공격 소함대, 상하이에 기반을 둔 상륙함 소함대 1개와 딩하이구(定海区)에 기반을 둔 대규모 지원 소함대 1개 등도 포함된다. 동부전구사령부는 센카쿠 열도 관련 작전을 수행하면서 모든 중국 해안경비대와 해상 민병대까지 지휘할 가능성이 있다.

2017년 이전에 동부전구사령부에 존재했던 4, 6 해군항공 사단은 모두 해산되고, 2개의 새로운 여단으로 개편됐다. 하나는 Su-30MK2 및 J-10A 전투기로 구성되며, 다른 하나는 JH-7 해상 공격기로 구성되어 있다. 2018년에 해군에 인도된 KQ-200 대잠전 항공기를 지휘하기 위해 새로운 사단(1사단)이 신설됐다. 기존 독립 폭격기 및 헬리콥터 연대도 이 사단에 재배치된 것으로 추정된다. 과거 육군의 해안 방어 부대였으나 해병대에 새로 소속된 3여단과 4여단도 동부전구사령부에 배치됐고, 상륙 공격 장비의 부족한 문제가 계속 식별되고 있다.

[자료 2-30] Su-30MK2 전투기와 JH-7 해상 공격기

SOURCE : China Military Online, China Military

동부전구사령부 공군 전력은 대략 13개의 전투기 및 지상 공격 여단으로 구성된다. 이 13개 여단은 크게 상하이 기지와 푸저우 기지로 지정된 2개의 부단장급 조직으로 분할된다. 각각은 러시아산 S-300 대공 방어체계로 무장한 2개의 장거리 지대공미사일(SAM) 여단, H-6 폭격기의 다양한 개량형의 3개 연대, 조기 경보 항공기 등을 보유하고 있다. 최근 우후(蕪湖)에 있는 9여단은 새로운 스텔스 기능을 가진 J-20A를 전력화한 최초의 전투 여단이었다. 이는 공군력이 대만 해협과 남중국해의 해상 또는 상륙 작전에서 핵심 요소가 될 것이라는 중국군의 신념을 반영한다.

공식적으로 로켓군은 전구사령부 조직에 포함되지 않는다. 그런데도 로켓군 61기지는 동부전구사령부의 지리적 책임 지역 내에 위치한다. 여기에 포함된 재래식 단거리 및 중거리 탄도미사일 부대들과 동부전구사령부는 긴밀한 협력을 하는 것으로 평가된다. 61기지가 지휘하는 7개 여단 중 2개 여단은 도로이동형 DF-21A 중거리 탄도미사일(IRBM)로 무장하고 있다. 다른 2개 여단은 도로 이동식 DF-11A, DF-15B, DF-16 단거리 재래식 미사일을 혼합해 운용하고 있다. 또 다른 2개 여단은 2019년 처음 공개된 새로운 DF-17 극초음속 미사일 체계로 전환된 것으로 보인다. 대만과 군사적 충돌이 발생할 경우, 61기지의 남쪽과 서쪽에 있는 62기지 및 63기지에 소속된 미사일 여단에서 추가적인 탄도 및 순항미사일로 전력이 지원될 것으로 예측된다.

남부전구사령부

남부전구사령부의 책임 지역은 남중국해를 포함한 본토와 동남아 해양을 포함한다. 주요 임무는 남중국해를 보호하고, 중국이 중국의 글로벌 야망에 중요하다고 생각하는 해상 교통로(SLOC)의 안보를 보장하며, 대만에 대한 작전에서 동부전구사령부를 지원하는 것이다. 추가로 홍콩과 마카오 수비대도 지휘한다.

주요 전력으로는 2개의 집단군, 1개의 해군 함대, 3개의 해병 여단, 2개의 공군 기지, 2개의 로켓 부대 등이 포함된다. 2019년 12월, 중국은 처음으로 국내에서 생산된 항공모함인 산둥함을 남부전구사령부의 위린(玉林) 해군 기지에서 취역시켰다. 2020년에는 J-15 전투기로 시험 및 비행 인증을 완료하기 위해 북부전구에 있는 조선소로 돌아갔다. 현재의 모항은 하이난 섬이다. 2019년 7월 전력화된 러시아에서 구매한 Su-35 24대는 남부전구사령부 공군에 배치되어 남중국해와 서태평양을 순찰하고 있다. 2018년 10월에는 H-6J 해상 폭격기가 최초로 전력화됐다. 매년 남부전구사령부 부대는 남중국해의 중국 점령지 근처에서 여러 차례 실사격 훈련과 상륙 훈련을 시행한다. 캄보디아와의 대테러 훈련, 태국에서의 미국 공동 주도 다자 훈련, 2020년 필리핀과의 해안 경비대 훈련 등 동남아시아 국가들과의 양자 및 다자 훈련에서도 중요한 역할을 한다. 이 외에도 중국이 주장하는 '구단선(九段線)' 내에서 작전을 수행하는 모든 해안 경비대 및 해상 민병대에 대한 작전 지휘를

맡을 수 있다. 여기서 구단선은 중국이 남중국해 주변을 따라 그은 U자 형태의 9개 선으로 남중국해 전체 해역의 90%를 차지한다.

[자료 2-31] 중국이 주장하는 남중국해 '구단선'

중국은 남중국해 주변국의 반대에도 불구하고 계속해서 구단선을 주장하고 있다. 2016년 7월, 1982년 해양법 협약의 규정에 따라 소집된 국제 중재 재판소는 필리핀이 제소한 사건에 대해 판결했다. 내용은 중국이 주장하고 있는 구단선의 역사적 권한은 법적 근거가 없다며, 중국의 남중국해 자원개발로 필리핀의 주권이 침해당했다고 결론지었다. 남중국해 영유권 분쟁에서 중국이 패소한 것이다. 이러한 결정에도 불구하고 중국은 자국의 주장을 고집하고 있으며, 중국의 이익을 증진하기 위해 해군 및 준군사적 선박을 이용해 강압 전술을 계속 사용하고

있다.

2018년 초부터 중국이 점령한 스프래틀리 섬 전초 기지는 첨단 대함 및 대공미사일 시스템과 군사 교란 장비를 갖추고 있다. 남중국해 주변국과 비교할 때 가장 뛰어난 지상 기반 무기체계를 배치했다. 2020년 초에는 KJ-200 대잠전 및 KJ-500 공중 조기 경보기를 파이어리 크로스 리프(Fiery Cross Reef) 암초에 배치했다. 2018년 초부터 중국은 남중국해에서 해군 및 해안 경비대 작전을 지원하기 위해 스프래틀리(Spratly) 군도(또는 남사군도(南沙群島)) 전초 기지를 정기적으로 활용하고 있다. 2015년까지 중국은 7개의 암초(수비, 가벤, 휴즈, 존슨사우스, 미스치프, 피어리크로스, 콰테론)에 총 12km^{2}의 인공섬을 건설했다. 2016년 초까지 스프래틀리 군도의 4개 소규모 전초 기지(존슨, 가벤, 휴즈 및 콰테론 리프)의 해안 기반 인프라(행정 건물, 무기 스테이션 및 센서 배치 포함) 군사 기반 시설을 설치 완료했다. 2018년 초까지는 피어리크로스, 수비 및 콰테론 리프의 더 큰 3개의 전초 기지에서 항공 시설, 항구 시설, 고정 무기 위치, 막사, 관리 건물 및 통신 시설을 포함한 군사 기반 시설을 건설했다.

중국은 이 프로젝트가 주로 해양 연구, 항해 안전, 전초 기지에 주둔한 요원의 생활 및 작업 조건을 개선하기 위한 것이라고 밝혔다. 그러나 전초 기지는 중국이 해당 지역에서 더 유연하고 지속적인 군사 및 준군사 주둔을 유지할 수 있도록 비행장, 접안 지역 및 재보급 시설을 제공한다. 이를 통해 주변국 또는 제삼자의 개입을 사전에 감지할 수 있고, 중국은 사전에 대응할 수 있는 군사적 옵션을 선택할 수 있다.

중국은 남중국해 내에서의 국제 군사 주둔이 자국의 주권에 대한 도전이라고 주장한다. 그들은 자신의 주장을 강제하기 위해 계속해서 강압적인 전술을 사용하고 있다. 스카버러 리프와 티투 섬 근처와 같은 분쟁 지역에 해군, 해안 경비대 및 민간 선박을 배치했다. 이는 중국이 주장하는 구단선 내에서 주변국의 석유 및 가스 탐사 작업에 대한 대응과 군대의 주둔을 유지하기 위함이다. 2020년 4월, 중국은 남중국해에 2개의 새로운 행정 구역을 만들겠다고 발표했다. 이 조치는 국내법 측면에서 이 분야에 대한 중국의 주장을 더욱 공고히 하고, 이 지역에서의 조치를 정당화하려는 의도일 것이다.

서부전구사령부

서부전구사령부는 지리적으로 중국 내에서 가장 큰 전구사령부다. 이 지역에서의 핵심 임무는 중국 서부에 대한 테러리스트 및 반군 위협과 인도와의 갈등에 대응하는 것이다. 주요 부대는 2개의 집단군, 신장 및 티베트 지역의 2개 군사 구역에 주둔한 육군 부대, 3개의 공군 기지, 1개의 로켓군 기지 등이 있다. 신장 지역 작전을 담당하는 인민무력경찰 부대도 서부전구사령부의 통제하에 있을 가능성이 크다. 인민무장경찰은 중국군의 준군사적 편제 부대다. 주요 임무에는 내부 안보, 공공 질서 유지, 해양 안보, 전쟁 시 군 지원이 포함된다. 2018년의 중국 안보 구조 개편의 일환으로 중앙군사위원회는 인민무장경찰을 직접 통제한다. 이와 더불어 이 개혁 속에서 중국 해안 경비대를 인민무장경찰에 종속시켰다.

서부전구사령부는 신장 위구르 자치구와 티베트 자치구의 안보에 중점을 둔다. 위구르인은 약 868만 명으로 동투르크스탄의 분리 독립을 위해 150년간 싸워온 분리주의자 세력이다. 티베트족은 약 500~1,000만 명으로 추산되며, 1950년 공산화 이후 분리 독립을 위해 저항해오고 있다. 미 국무부의 2020년 국가별 인권 보고서에 따르면, 신장에서 주로 무슬림 위구르인과 기타 소수 민족 및 종교 집단을 대상으로 한 집단 학살과 반인도적 범죄가 한 해 동안 발생했다. 중국은 100만 명 이상의 위구르인, 카자흐인, 키르기스인 등 종교적, 민족적 신원을 지우기 위해 고안된 비사법적 수용소에 임의로 구금했다. 중국 정부 관리들은 테러리즘, 분리주의, 극단주의와의 전쟁을 구실로 수용소를 정당화했다.

이 지역에서 인도와의 갈등도 2020년에 심각성이 극도에 달했다. 2020년 6월 15일, 인도와 중국의 경계지대인 갈완 계곡에서 순찰대가 격렬하게 충돌해 약 20명의 인도 군인이 사망했으며, 중국 관리에 따르면 4명의 중국 군인이 사망했다. 2020년 9월 8일에는 중국 순찰대가 인도의 판공 호수 근처의 인도 순찰대를 향해 경고 사격을 가했다. 이는 수십 년 만에 실제 통제선을 따라 발사된 첫 번째 사격이었다. 이 일련의 사건들은 지난 45년 동안 양국 간의 가장 치명적인 충돌이었다. 지속해서 교착 상태였던 양국의 분쟁 국경에 군사력을 증강하는 계기가 됐다. 각 국가는 상대방 군대의 철수와 교착 상태 이전 상태로의 복귀를 요구했지만, 양국은 그 조건에 동의하지 않았다. 중국은 인도의 기반 시설 건설이 중국 영토를 침범하는 것으로 인식했지만, 인도는 중국이 인도 영토에 대한 공격적인 침공을 시작했다고 비난했다. 대치 기간에 중국 관리들은 위기의 심각성을 애써 무시하는 모습을 보였다. 이는 양자 관계의 다른 영역에 해를 끼치는 것을 방지하려는 중국의 의도가 있을 가능성이 크다. 중국은 국경 긴장으로 인해 인도가 미국과 더 긴밀한 협력 관계를 맺는 것을 방지하려고 한다. 중국 관리들은 미국 관리들에게 중국과 인도의 관계에 간섭하지 말라고 경고했다. 이런 충돌 상황은 과거의 중국의 행적을 살펴볼 때 예측 밖의 일이었다. 2019년 10월, 시 주석은 인도 첸나이에서 인도의 모디(Modi) 총리와 만나 경제 관계와 분쟁 문제, 특히 국경과 관련된 분쟁 문제의 평화적 해결의 중요성에 대해 논의했다. 이 회담은 2018년 4월, 시 주석과 모디 총리의 회담 이후 두 번째 정상회담이었다.

북부전구사령부

북부전구사령부의 책임 지역은 몽골, 러시아, 북한, 황해를 접하고 있다. 그래서 중국 북부 주변 지역의 작전을 담당하고, 북한 사태와 관련된 국경 안정 작전 및 몽골 또는 러시아와 관련된 북부 국경 사태를 담당한다. 주요 부대는 3개의 집단군, 1개의 해군 함대, 2개의 해병 여단, 1개의 특수 임무 항공기 사단, 2개의 작전 공군 기지, 1개의 로켓군 기지 등을 포함한다. 비상사태 발생 시 북부 전역 사령부는 일부 전략 지원군 부대에 대한 지휘권을 행사할 수 있다. 그래서 전략적 정보 지원을 받아 전장 인식을 개선하고, 전구 내에서 합동 작전을 용이하게 할 수 있다. 이 지역 해군은 주로 중국 북부에 대한 해상 접근을 보호하는 책임이 있다. 그러나 다른 함대, 특히 동부전구사령부를 지원하기 위해 핵심 자산을 제공할 수 있다.

중국과 북한의 관계는 중국이 2017년 유엔 안보리 결의의 이행을 확대한 이후 다소 긴장된 분위기를 유지했으나 최근 다시 완화된 것으로 보인다. 중국은 유엔 안전보장이사회의 대북 제재 결의를 계속해서 집행하고 있으나 완전히 이행하지는 않는다. 정기적으로 중국 영해에서의 불법 선박 간 환적에 대해 조처를 하지 않고, 중국에 기반을 둔 북한 은행 및 무기 무역 대표자들과 그들의 활동에 대해 조처하지 않았다. 북한은 중국 바지선 및 선박 대 선박을 통해 과거에 비해 적은 양이

지만 석탄을 계속 수입한다. 2019년에 시 주석은 김정은과 두 차례 만나 북한과 중국의 수많은 공식 교류를 보완했다.

한반도에 대한 중국의 목표는 안정, 비핵화, 중국 국경 근처에 미군 부재를 포함한다. 중국이 한반도의 안정을 유지하는 데 초점을 맞추는 것은 북한의 붕괴와 한반도에서의 군사적 충돌을 방지하는 것이다. 이를 위해 중국은 북미 대화 재개를 포함해 대화를 우선시하는 대북 접근 방식을 계속 옹호하고 있다. 한반도의 비상상황에 대비해 항공, 육상, 해상, 화학방어훈련 등의 군사훈련도 실시하고 있다. 중국 지도자들은 위기 발생 시 북부전구사령부의 다양한 작전에 참여하도록 명령할 수 있다. 여기에는 난민의 유입이나 북한에 대한 군사 개입을 방지하기 위해 중국·북한 국경을 확보하는 것이 포함될 수 있다. 중국은 군대를 북한에 파견하기 위해 1961년에 북한과 체결한 우호협력상호원조조약을 인용할 가능성도 있다.

중앙전구사령부

중앙전구사령부는 수도 방어를 책임지고, 중국 공산당 지도부의 안전보장을 제공하며, 다른 전구사령부의 전략적 예비 역할을 한다. 중앙전구사령부의 책임 지역은 보하이만(渤海湾)에서 중국 내륙까지 뻗어 있으며 다른 4개 전구사령부를 연결한다. 중앙 전역 사령부 내 부대에는 3개의 집단군, 2개의 공군 기지, 1개의 로켓 부대 등이 포함된다. 중앙전구사령부는 해안 책임이 있지만, 예하 해군 함대는 부족하다.

중국의 내부 안전보장을 담당하는 조직은 공안부, 국가안보부, 인민무력경찰, 중국군, 민병대로 구성된다. 당은 정치적, 사회적, 환경적 또는 경제적 문제에 대한 시위에서부터 테러와 자연재해에 이르기까지 다양한 문제를 해결하기 위해 이러한 조직을 활용하고 있다. 2019년 국방백서에 따르면, 2012년 이후 국내 비상 대응 및 재난 구호를 위해 95만 명의 군인 및 인민무력경찰과 141만 명의 민병대를 배치했다. 민병대는 동원 가능한 민간인의 무장 예비군이다. 이는 예비군과 구별된다. 민병대는 마을, 도시 소구역, 기업체 등을 중심으로 조직되며 구성과 임무가 매우 다양하다. 1997년 국방법은 민병대가 공공질서 유지를 지원할 수 있도록 승인했다. 그리고 해상 민병대는 민병대의 일부이며, 그 임무에는 종종 해군과 해안 경비대와 함께 수행하는 해상 주권과 관련된다.

PART

03

주변국과의 협력과 대결

01

외교정책 :
인류 미래를 위한 '운명 공동체'를 건설하자

중국은 단독으로 국가 목표를 달성할 수 없음을 인식했다. 중국 외교정책의 전반적인 목표는 인류의 미래를 공유하는 '운명 공동체'를 건설하는 것이다. 중국이 원하는 공동체의 방향을 능동적으로 통제하기 위해 중국은 모든 국가가 동일한 외교적 틀을 채택할 것을 추구한다. 이 목표는 중국이 국가 부흥을 달성하기 위한 광범위한 전략 지원에 필수적이다. 중국의 관점에서 볼 때 공동체를 설립하는 것은 '세계 평화를 수호'하고, '공동 발전을 촉진'함으로써 중국의 국가 부흥을 위한 외부 안보와 경제 조건을 설정하는 데 필요하다.

시 주석은 19차 당대회 보고서에서 새로운 시대 중국 특색 대국외교라는 새로운 외교 틀을 수용했다. 중국 외교의 근간은 중국 특색 사회주의 이론에 있다. 시 주석이 2012년 18차 당대회에서 집권한 이후 당 중앙위원회는 '중국 특색 사회주의 위업'을 추진하는 중국의 외교 정책을 더욱 강조해왔다. 전 중국 외교부장 양제츠(杨洁篪)는 중국 특색 사회주의를 견지하는 것이 대외 사업의 뿌리이자 영혼이며, 중국의 지혜와 인류 문제 해결에 기여한다고 주장했다. 그러나 책임 있는 강대국으로 보이려는 중국의 야망은 2020년에 중국에서 발생한 코로나19로 다른 국가들의 불신이 증가함으로써 그 힘을 잃는 모양새를 보였다.

중국은 미국을 중심으로 한 집단안보구조의 현 국제체제를 '운명 공동체'를 전제로 한 수정된 질서와 양립할 수 없다고 본다. 중국 지도자들은 미국의 안보 동맹 및 파트너십, 특히 인도 태평양 지역의 동맹을 불안정하고 중국의 주권, 안보 및 발전이익과 같이 공생할 수 없는 것으로 보고 있다. 2014년 시 주석은 "제삼자를 겨냥한 군사 동맹을 강화하는 것은 지역의 공동 안보를 유지하는 데 도움이 되지 않는다"라고 말했다. 2019년 국방백서에서 아시아 태평양 국가들은 중국이 주도하는 인류의 미래를 공유하는 공동체의 구성원임을 점점 더 인식하고 있다고 주장했다. 이러한 방향으로 발전하기 위해 중국은 대화를 통한 분쟁 관리가 선호하는 정책 옵션이라고 주장한다.

중국은 증가하는 글로벌 불안정과 미국에 의해 조장됐다고 보는 불안의 증가에 대한 우려를 표명했다. 2019년 국방백서는 미국을 글로벌 불안정의 '주요 선동자'이자 '국제 전략 경쟁의 동인'이라고 비판했다. 중국 지도부는 중국에 대한 미국의 정책을 중국의 국가 목표에 악영향을 미치는 요소로 보고 있다. 이는 체제 간 경쟁 관점에서 미국이 중국의 부흥을 막으려 한다는 당의 오랜 견해와 일치한다. 이러한 믿음을 감안할 때, 중국의 포괄적인 국력의 축적은 미국과 맞서려는 중국의 의지를 더욱 강화하는 조건을 만든다. 중국이 미국에 맞서려는 이러한 방향성 속에서 외교 정책 프레임워크에는 몇 가지의 주요 노력이 포함된다. 미국 중심의 권력 분배의 변화를 촉진 및 가속하고, 국가 간 관계 원칙을 수정하며 글로벌 거버넌스 구조를 개혁하려는 것이다.

중국 국가 전략의 외부 요소 중에는 중국의 지속적인 부상과 궁극적인 국가 부흥에 도움이 되는 우호적인 국제 환경을 조성하려는 의도적인 노력이 있다. 중국은 네 가지 범주의 국가 또는 기구(강대국, 주변국, 개발도상국, 국제기구)의 권력 관계에 따라 목표와 관계를 차별화한다. 첫째, 강대국들 사이에서 중국은 본질적으로 다극 체제인 강대국 간의 '안정적이고 균형 잡힌 발전'을 구축하기 위한 관계의 새로운 틀이 필요하다고 주장한다. 미국과 같이 중국과 전략적 동반자 관계를 수립하지 않은 국가의 경우 중국은 비충돌과 상호 존중을 강조하는 '갈등 회피 원칙'에 따라 군사 협력을 형성한다. 중국의 관점에서 볼 때, 이러한 축소된 관계는 적어도 강대국과의 안정적인 관계를 보장함으로써 외교 정책 목표에 부합한다. 둘째, 중국은 해상 및 육로 국경을 따라 주변 국가들과 관계를 강화해 국제적으로 더욱 유리한 환경을 조성하고자 한다. 셋째, 개발도상국의 경우 중국은 일대일로 구상에 따라 지속적인 발전을 포함하는 다자 외교 노력을 적극적으로 수행할 뿐만 아니라 연대와 협력을 강조한다. 일대일로 구상은 공동운명 공동체의 플랫폼이라고 볼 수 있다. 넷째, 중국은 국제기구 내에서 개발도상국을 지원하는 것을 중요시하고 있다.

국제무대에서의 중국의 외교정책 방향에 따라 군대의 외교적 참여가 강조되고 있다. 군의 외교정책 참여 역사는 2004년 후진타오(胡錦濤) 전 주석 시대로 거슬러 올라간다. 그는 중국군에 부여한 새로운 역사적 임무 중 하나는 중국의 해외 이익과 외교를 지원하는 것이었다. 2019년 국방백서에서는 중국의 국방과 외교 정책의 연계를 강조하면서 중국군이 '글로벌 안보 거버넌스 시스템 개혁에 적극 참여'할 것을 촉구했다. 이 백서에서 중국군이 "국제 안보와 군사 협력을 촉진하고, 중국의 해외 이익을 보호하기 위한 관련 메커니즘을 개선한다"라고 언급했다. 지도부는 중국의 해외 이익을 수호하는 데 있어 군대가 보다 적극적인 역할을 해야 함을 인식하는 것이다. 이에 따라 중국이 군사력에 부여하는 점점 더 글로벌한 성격을 강조하는 추세다.

국제무대에서 중국의 행동이 점점 더 활발해지고 있다. 주변 지역뿐만 아니라 중국은 아프리카와 페르시아만을 포함해 아시아 대륙에서 멀리 떨어진 지역에서도 더 활발하게 활동하고 있다. 이러한 국제적 행동주의는 경제적 투자와 정치적 영향력 증대를 위한 시도일 뿐만 아니라 점점 더 많은 군사력 배치로 인해 미국과 동맹국 사이에서 우려를 불러일으키고 있다. 중국의 군사외교는 전략적 동반자 관계를 발전시키고, 국제 시스템의 측면을 수정하려는 외교 정책 목표에 기여한다. 특히 중국의 2019년 국방백서는 중국군이 인류의 미래를 함께하는 공동체의 요구에 충실히 대응하고 있다고 설명하고, 군에 글로벌 안보 거버넌스 시스템 개혁에 적극적으로 동참할 것을 촉구했다. 중국군은 중국의 외교 정책 원칙에 따라 안보 파트너십을 '신외교 군사 관계'로 구축하려고 한다. 이는 군사 협력 강화를 통해 중국의 글로벌 파트너십 네트워크를 심화하는 것을 목표로 한다. 중국군은 매년 40회 이상의 장교급 군사 방문을 통해 주변국의 군사 지도부와 긴밀한 관계를 유지하고 있다. 고위급 방문 및 교류는 중국의 입장을 외국 청중에게 알리고 대안적 세계관을 이해할 기회를 제공한다. 여기에 더해 대인 접촉 및 군사 지원 프로그램을 통해 외교 관계를 발전시킬 기회를 제공한다. 중국은 17개 인접 국가와 교류 채널을 유지하기 위해 국방 및 안보 협의와 실무 회의 메커니즘을 구축했다. 마찬가지로 중국은 유럽에서 군사 관계를 발전시키고 아프리카, 라틴 아메리카, 카리브해 및 남태평양 국가와 군사 교류를 강화하려고 한다. 전 세계 110개 이상의 파견 사무소에서 군사 담당관으로 배정된 중국 군인이 일상적인 해외 군사 외교 업무를 관리한다. 해외에 파견된 군인 수는 전 세계적으로 증가하는 추세이며, 이는 중국의 증가하는 국제적 이해를 반영한다. 파견된 군인은 대사의 군사 고문 역할을 하고 외교부와 군의 외교 정책 목표를 지원한다. 주둔 국가와 제3국 인사와의 상대 교환 및 군사 및 안보 협력과 관련된 다양한 임무를 포함해 담당 국가 또는 할당 지역에 대해 비밀스럽고 공공연한 정보 수집도 그들의 임무다. 공관의 일반적인 기능은 전세계적으로 동일하지만, 일부 공관은 긴밀한 양자 관계 또는 기타 요인으로 인해 특정 임무 또는 외교 우선순위를 우선시할 수 있다. 중국의 파견 사무실은 규모가 다양하며, 일반적으로 군 장교는 2명에서 10명에 이른다. 대부분 사무실은 소수의 공인된 장교로 구성된다. 중국의 전략적 이익에 중요하다고 간주하는 국가의 사무실은 종종 여러 담당관, 해군 또는 공군 관계관 및 지원 직원을 포함하는 큰 규모를 가지기도 한다.

중국군은 타국군과 훈련, 교육 등 다양한 활동을 한다. 중국은 양자 및 다자 군사 훈련 참여를 지속해서 확대하고, 해외 주둔을 정상화하며, 외국 군대와 긴밀한 유대 관계를 구축했다. 예를 들어 매년 인도, 파키스탄, 키르기스스탄, 카자흐스탄, 타지키스탄, 우즈베키스탄의 군대와 함께 중국군은 러시아의 국가급 훈련인 'TSENTR-19'에 참가했다. 훈련에 참여하기 위해 매년 서부전구사령부는 대략 1,600명의 군인과 30대의 고정익 항공기 및 헬리콥터를 배치한다. 양자 및 다자 훈련은 중국에 정치적 이점을 제공하고, 중국군이 대테러, 기동 작전 및 군수 지원과 같은 분야에서 능력을 향상할 기회를 제공한다. 그리고 많은 라틴 아메리카 및 카리브해 국가에서는 중국 국방대학의 전략적 수준 연구 과정에 장교를 보낸다. 이들 국가 중 일부는 다른 중국의 군사 학교에도 장교를 파견한다. 이러한 교류는 중국의 정치적 유대를 구축하고, 중국의 부상을 설명하며, 특히 아시아, 아프리카 및 라틴 아메리카에서 중국의 국제적 영향력을 구축하는 데 중점을 두고 있는 것으로 보인다.

앞서 살펴본 바와 같이, 중국은 아프리카 지부티에 첫 해외 군사 기지를 건설했다. 지부티의 중국군 기지는 의료 및 군사 지원을 제공하고, 학교에 지역 기부금을 제공하는 것으로 유명하다. 이는 일대일로 구상에 따라 신실크로드 경제 벨트와 21세기 해상 도로를 활성화해 경제 연결성을 강화한다. 해외에서의 입지를 강화하려는 중국의 노력은 중국군이 중국 본토에서 훨씬 더 먼 거리에서 전력을 투사해야 함을 의미한다. 실제로 당은 중국의 증가하는 해외 이익을 확보하고, 외교 정책 목표를 추진하기 위해 중국 국경 및 인접 지역에 전력을 투사할 수 있는 능력을 개발하도록 군에 임무를 부여했다. 2017년에 중국 지도자들은 아시아, 남아시아, 아프리카, 유럽 지역을 일대일로 구상의 범위에 포함했다. 그러나 시간이 지남에 따라 이제 북극과 라틴 아메리카를 포함한 세계의 모든 지역을 포괄한다고 말했다. 이는 중국의 야망 크기를 보여준다.

02

군사적 협력 측면

미국과의 제한된 국방 접촉 및 교류

미국 정부 보고서인 '2017년 국가안보전략', '2018년 국방전략', '2018년 핵 태세 검토', '2019년 미사일 방어 검토'는 역동적인 국제 안보 환경에서 미·중 간 군사 경쟁의 증가 추세를 보여준다. 미국과 중국은 강력한 위치에서 경쟁함과 동시에 양국의 이익이 일치하는 안보 문제에 대해서는 협력해야 할 부분이 있다. 미국과 중국의 교류는 제한적임과 동시에 긴장이 고조되는 시기에 위험을 줄이고, 오해를 방지하는 데 중점을 둔다. 양국 간 교류는 개정된 2000년 회계연도 국방수권법의 법적 제한사항에 따라 수행된다.

중국군의 현대화 및 확장의 속도와 범위는 미·중 국방 관계에 기회와 도전을 제공한다. 중국군이 발전되고 그 범위가 전 세계적으로 확장됨에 따라 사고 또는 오해의 위험도 증가한다. 이에 따라 위험 감소 노력에 중점을 두고, 근접 작전을 수행하는 미군의 안전을 보장할 필요성이 점차 커지고 있다. 변화하는 상황은 정기적인 대화 채널의 필요성도 증대된다. 이는 위기 동안 적절한 시기에 커뮤니케이션을 수립함으로써 위기를 예방하고 위기 이후 평가를 수행하기 위함이다. 채널은 대화나 참여자의 성격에 따라 크게 고위급 접촉, 반복적인 교류, 학술적 교류로 나눠 볼 수 있다. 2020년 이후 코로나19의 영향으로 인해 직접적인 만남에 제약이 있었다. 그런데도 전화나 화상회의를 통해 일부 일정은 계속 진행됐다.

먼저, 고위급 접촉에 대해 알아보자. 미국과 중국의 고위급 접촉은 국제 안보 환경에 대한 견해를 교환하고, 공동의 도전 과제에 대한 공통 접근 방식을 촉진하는 중요한 수단이다. 코로나19 이전인 2019년에는 다양한 고위급 회담이 열렸다. 2020년 이후 코로나19의 영향으로 많은 회담이 제한되고 있지만, 미국 국방부 장관과 중국 국방부 장관, 미국 합참의장, 중국 합동참모본부장 등은 고위급 회담을 수차례 화상회의 형식으로 수행했다. 2020년 5월, 미국의 패트릭 섀너핸(Patrick Shanahan) 당시 국방부 장관 대행은 싱가포르에서 열린 국제전략연구소(IISS) 아시아 안보회의(일명 샹그릴라 대화)에서 웨이펑허(魏鳳和) 국방부 장관을 만났다. 웨이펑허는 11월, 태국에서 열린 연례 아세안 확대 국방 장관회의(ADMM-Plus)에도 참석했다. 두 회의에서 장관들은 전략적 주제와 차이점을 논의했으며, 건설적이고 안정적이며 결과 지향적인 양자 관계에 대한 의지를 확인했다. 2019년 8월, 중국 국방 차관보 차드 스브라지아(Chad Sbragia)는 워싱턴 DC에서 중국 대표단을 초청해 중국이 최근 발표한 신시대 중국 국방백서의 내용을 논의했다. 중국 국제군사협력국 부국장인 황쉐핑(黃雪萍) 소장이 중국 대표단을 이끌었다. 이 회의는 중국의 국방 정책을 보다 잘 이해하기 위한 주요 군사 활동 신뢰 구축 조치 메커니즘 통보에 관한 양해각서(MOU)와 일치했다. 미국 대표단에는 국방부 장관실, 합동참모본부, 국무부, 국가안전보장회의(NSC) 직원 대표가 포함됐다. 2019년 10월, 국방 차관보 차드 스브라지아는 베이징에서 열린 제9회 샹산(象山) 포럼에 참석했다. 국방 차관보는 '미래 지향적인 아시아 태평양 안보 아키텍처'에 대해 간략한 연설을 하고, 황쉐핑(黃雪平) 소장과 공식 회의를 진행했다. 2019년 1월, 미국 해군참모총장 존 리처드슨(John Richardson) 제독이 베이징을 방문했다. 이 외에도 2019년 한 해 동안 중국은 여러 화상회의 요청을 수락했다. 황쉐핑 소장과 동아시아 국방 차관보 대행 메리 모건(Mary B. Morgan) 사이에 5월 중국이 처음으로 시작한 고위급 화상회의를 포함해 6건의 고위급 화상회의가 있었다. 이를 통해 미국은 사고가 위기로 확대되는 것을 방지하기 위해 신속하고 효과적으로 통신하는 데 필요한 시스템을 구축하기 위해 계속 노력하고 있다.

다음으로 매년 반복되는 교류에 대해 살펴보자. 이러한 종류의 교류는 매년 미·중 국방 토의의 중추를 형성한다. 이 교류들은 위험 감소, 위기 커뮤니케이션 및 협력 분야에 대한 전략 및 정책 수준에서 대화를 위한 규칙화된 메커니즘 역할을 한다. 군사해양안보협력(MMCA) 실무 그룹은 미·중 해군과 공군의 열린 소통을 통해 작전 안전을 개선하기 위한 모임이다. 2019년 11월, 군사해양안보협력(MMCA) 실무 그룹과 총회가 호놀룰루에서 소집됐다. 미국·인도 태평양 사령부 전략기획정책국장 스티븐 스클렌카(Stephen Sklenka) 소장과 태평양 함대, 태평양 공군, 아프리카사령부, 해안경비대 대표들이 중국 해군 및 공군 대표단을 만났다. 중국은 해군 부참모장이 이끄는 대표단이었다. 양측은 2018년 동안 작전상의 안전 상황을 검토하고, 공중 및 해상 조우 각서의 안전을 위한 행동 규칙의 이행 및 평가에 대해 논의했다. 2020년에 이 협의체 워킹 그룹 회의는 5월에 개최됐다. 그러나 2020년 12월 14~16일에 예정됐던 회의에 중국은 참여를 거부했다.

국방정책조정회의는 연례 대화이며, 2019년 회의는 2020년 1월로 연기됐다. 중국 담당 국방 차관보 차드 스브라지아(Chad Sbragia)가 베이징에서 열린 국방정책조정회의에 황쉐핑(黄雪萍) 국제군사협력실 부국장과 함께 참석했다. 미국 대표단에는 합동참모부, 인도·태평양 사령부 및 국무부의 대표가 포함됐다. 정상들은 위험 감소, 위기 커뮤니케이션, 협력, 신뢰 구축이라는 목표를 달성하기 위해 미·중 군사 접촉과 교류를 어떻게 재구성할 것인지에 대해 논의했다.

2020년에는 미국과 중국 간의 위기 예방 및 관리 메커니즘을 발전시키기 위해 실무 수준의 정책 대화인 연례 위기 커뮤니케이션 실무 그룹(CCWG)이 출범했다. 이 실무그룹은 2020년 10월 미국에서 소집됐으며, 중국과 위기 예방 및 관리 개념을 논의하기 위해 화상 원격 회의로 진행됐다. 이 회의에서 위기를 예방 및 관리하고, 미군과 중국군 사이에 위험을 줄이기 위한 원칙에 대해 토의하는 기회를 제공했다. 양측은 위기상황 발생 시 적합한 시기에 의사소통을 위한 메커니즘 구축의 중요성뿐만 아니라, 위기 예방을 위한 정기적인 소통 채널 유지의 필요성에 공감했다.

2019년 5월, 인도·태평양 안보 담당 차관보 랜들 슈라이버(Randall Schriver)는 중국 국제군사협력실 국장인 츠궈웨이(慈国巍) 소장과 워싱턴 DC에서 제3차 아시아·태평양 안보 대화(APSD)를 공동 주최했다. 미국 대표단에는 합동참모부, 미국·인도 태평양 사령부 및 국무부의 대표가 포함됐다. 정상들은 지역 안보 문제, 남중국해, 북한, 유엔 안보리 결의 이행 등에 대해 논의했다. 미국은 2020년에도 이 정책 대화를 개최하기를 제안했으나 중국은 미국 측이 제안한 날짜를 거부하고 대화를 무기한 연기했다.

마찬가지로 학술 교류도 상호 이해 구축에 중점을 둔다. 2019년 3

월, 미국 공군대학 대표단은 베이징에 있는 공군사령부대학을 방문했다. 4월에는 미국 국립전쟁대학(National War College)과 중국 국방대학이 교류했다. 두 기관은 중국에서 연구 세미나를 진행했고, 중국 국방대학 작전 지휘 과정인 '타이거즈' 소속 장교들이 미국을 찾았다. 5월에는 미국 해병대전쟁대학에서 중국을 방문했다. 이어 중국 국방대학 전략급 '드래곤즈' 과정의 중국 장교들이 미국을 방문했고, 중국 공군지휘대학이 미국 공군공중전대학(Air War College)에 방문했다. 6월에는 중국 해군지휘대학 학생들이 미국 해군전쟁대학(Naval War College)을 방문했다. 7월에는 양국 국방대학 총장들이 격년제 회담을 갖고, 이어 미국 국방대학(National Defense University) 캡스톤(CAPSTONE) 과정의 신임 미군 장성 및 사령관의 중국 방문이 이어졌다. 12월에는 미 해군전쟁대학은 6월 방문을 위한 상호교류행사로 중국 해군지휘대학을 방문했다. 연중 이러한 방문 및 기타 학술 교류는 중국의 다양한 계층과의 교류를 통해 중국과 인도 태평양에 대한 이해를 높이는 기회를 제공한다. 2020년 12월, 미국 국방대학과 중국의 국방대학 가상 회의를 제외하고, 코로나19로 인해 2020년에 계획된 미·중 군사 학술 기관 교류가 중단됐다.

2019년 11월, 미국과 중국 군인들은 하와이에서 열린 재난 관리 교류(DME)에 참가했다. 미국 태평양군사령관 폴 르카메라(Paul LeCamera) 장군이 중국 동부전구군 육군 사령관 쉬치링(徐起零) 소장을 만났다. 교류는 아세안(ASEAN) 표준 작전 절차를 사용해 두 군대가 다국적 조정센터의 일부로 제3국의 화산 폭발 시나리오에서 인도적 지원 및 재난구호(HA/DR)에 초점을 맞췄다. 2020년 11월, 미국과 중국 군인들은 화상 원격 회의를 통해 연례 재난 관리 교류에 참가했다. 당시 미국 태평양 군사령관 폴 르카메라 장군이 중국군 동부전구군 사령관 린샹양(林

向阳) 중장과 화상통화를 했다. 폴 르카메라 장군은 2022년 현재, 한미 연합사령관 겸 주한미군 사령관이다. 2020년, 재난 관리 교류는 인도적 지원, 재난 구호 및 전염병 대응 작전에서 배운 교훈을 교환하는 데 중점을 두었다.

러시아와의 협력

2019년 6월, 러시아와 중국은 국제 안보 문제에 대한 긴밀한 조정과 상호 지원을 약속하면서 '신시대의 전면적인 전략적 동반자 관계'로 격상했다. 그 뒤를 이어 중국 공군과 러시아 항공우주군이 아시아 태평양 지역에서 처음으로 연합 항공기 초계 비행을 했다. 두 나라 국방 협력에는 기술 개발, 훈련 및 기타 군사 현대화 계획에 대한 협력도 포함된다. 지속적인 군사 협력에도 불구하고, 중국과 러시아는 군사 동맹의 체결이나 체결 의사를 부인하고 있다. 그런데도 미·중 군사 기술 경쟁이 심화함에 따라 중국과 러시아는 더욱 긴밀한 국방 기술 협력을 구축하고 있다. 중국은 2018년에 Su-35 전투기 24대를 추가로 인수했다. 러시아 무기 수출 관리들은 Su-57 5세대 전투기의 수출 버전을 중국

[자료 3-1] Su-35와 Su-57 전투기

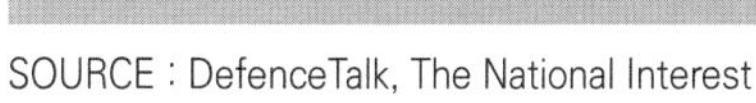
SOURCE : DefenceTalk, The National Interest

공군에 판매하기를 열망하고 있지만, 거래가 성사됐는지에 대해 알 수 없는 상황이다.

중국과 러시아는 상호 보완적인 측면이 있다. 중국은 구매력 평가(PPP) 기반 국내총생산(GDP) 규모와 산업 제조 능력 측면에서 세계 최대 경제국이다. 동시에 빠르게 성장하는 방위 산업과 기술을 가지고 있다. 러시아는 경제가 침체해 있고 재정 자원이 부족하다. 최근 우크라이나와의 전쟁으로 인해 이러한 상황은 더욱 악화하고 있다. 이러한 상황에서도 첨단 방위 산업 기반을 갖추고 있다. 1990년부터 2000년대까지 러시아는 소련 국방 혁신과 산업 역량의 핵심 요소를 보존하고, 2011년부터 재건했다. 이렇게 확립된 방위 산업 능력은 중국이 부족한 또 다른 중요한 이점과 결합한다. 러시아는 외국 정규군과의 전쟁 및 원정 작전을 포함해 수십 년간의 군사 분쟁에서 얻은 풍부한 전투 경험도 가지고 있다. 그 경험은 러시아의 군사 능력뿐만 아니라 방위 산업 발전에도 중요한 기여를 했다. 따라서 중국의 재정 자원 및 제조 능력을 러시아의 전문 지식과 결합하는 것은 시너지 효과를 낼 가능성이 있다.

양국 간의 협력은 미국의 전략을 양분되게 만드는 측면이 있다. 미국은 중국과 러시아를 동시에 장기적인 전략적 적대국으로 대면하고 있다. 이런 상황은 더는 단일 전구에 군사 자원을 집중하거나 특정 국가의 강점과 약점을 다루기 위해 국방 혁신 정책을 수립할 수 없다. 유럽 대륙 전역에서 러시아군에 대항하고, 태평양 전역에서 중국에 대항하는 것은 전략적 집중을 달성하는 데 상당한 제약이 있다. 대만 해협이나 남중국해에서 긴장이 고조되는 시기에 러시아 서부에서 실시되는 대규모 러시아 군사 훈련(TSENTR-2019 등)은 미국의 투사된 전력을 분산하는 효과가 있다. 대조적으로 러시아와 중국은 동일한 위협이나 문제를 처리하기 위해 공동으로 노력할 수 있다. 예를 들어 미국 항공모함 전단에 대응하는 것은 두 국가 모두의 관심 사항이다. 이를 위해 러시아는 잠수함과 연안 방어에 더 많은 투자를 하지만, 중국은 원양 능력을 점점 더 우선시함으로써 노력의 분업을 달성할 수 있다.

1990년대를 거치면서 양국 간의 협력은 지금과 같지는 않았다. 오히려 1990년대에서 2000년 초반까지는 중국에 대한 러시아의 무기 수출이 미미한 수준으로 떨어지고, 중국이 자급자족하는 것처럼 보였다. Su-27SK 전투기 라이센스 생산 계약, Su-30MK/Su-30MK2 계약이 이행되면서 양국 간 무기 거래량이 연간 10억 달러 아래로 크게 떨어졌다. 그러나 2014년 크림 위기가 시작되기 전 중·러 방산 협력은 2003년부터 2010년까지 쇠퇴기를 지나 이미 상승세를 타고 있었다. 주된 이유는 중국 군대의 성장 야망과 필요한 시스템을 제때 개발하지 못하는 국내 산업의 실패였다. 중국인들은 항공기 엔진과 같은 일부 유형의 하이테크 품목에 대한 국내 수요를 충족시키기 위해 방위 산업 역량에 대해 너무 낙관적인 경향이 있었다.

2011년과 2012년에는 국방 교역량이 20억 달러 수준에 근접했다. 러시아가 중국에 항공기 엔진과 수송 헬리콥터를 공급하기 위한 주요 거래가 체결된 이후다. 2012년 11월, 연방군사기술협력부 차관인 콘스탄틴 브릴린(Konstantin Bryulin)은 중국이 러시아의 총 무기 거래의 15% 이상을 차지한다고 보도했다. 그해에 외국 고객에 대한 러시아 무기 수출의 전체 가치 기준으로 15%의 점유율은 19억 달러 이상의 수출로 해석된다. 그해 중국과 체결한 신규 계약은 우주항공 부문에서만 10억 달러 이상이었다. 이 계약에는 184개의 D-30KP2 터보팬 엔진에 대한 매우 인상적인 주문이 포함되어 있었다. 이는 중국의 신형 H-6K 폭격기와 신형 Y-20 수송기에 필요한 것이었다. 또한, 중국 공군의 기존 Il-76 수송기를 개조하는 데 사용된 것으로 보인다. 2012년에 러시아는 이전에 체결된 일련의 대규모 항공기 엔진 계약에 따라 AL-31FN, D-30KP-2, RD-93를 중국에 납품했다. 2012년 중반에 중국은 140개의 AL-31F 엔진과 52개의 Mi-171 헬리콥터를 포함해 총 13억 달러에 달하는 대규모 신규 주문을 여러 차례 계약했다. 러시아는 러시아 공군 예비군에서 입수한 중고 Il-76의 판매도 시작했다. 초기 계약에서 러시아는 이들 중 3대를 중국에 판매할 예정이었다. 나중에 그 수는 10개로 늘어났다. 로소보로넥스포르트(Rosoboronexport)의 CEO 아나톨리 이사이킨(Anatoliy Isaykin)에 따르면, 2012년에 체결된 176억 달러의 러시아 수출 계약 중 중국은 12%(약 21억 달러)를 차지했다. 로소보로넥스포르트는 러시아의 국영 기업으로, 러시아에서 유일하게 방산 제품 및 기술의 수출·입을 담당하는 중계 회사다. 중국은 그해에 인도와 이라크에 이어 세 번째로 많은 러시아 무기 수입국이 됐다. 비슷한 시기에 양국은 Su-35 전투기, S-400 지대공미사일(SAM) 시스템, Amur-1650 잠수함 등 세 가지 주요 프로그램에 대한 협상을 시작했다. 길고 어려운 협상은 2014년과 2015년에 결론이 났다. 2014년 가을에 19억 달러 이상의 S-400 시스템 4개 대대를 중국에 공급하는 계약이 체결됐으며, 2015년 11월에 24대의 Su-35 전투기에 대한 계약이 적어도 20억 달러에 계약됐다. 4대의 Su-35 첫 번째 배치가 2016

[자료 3-2] D-30KP2 터보팬 엔진과 AL-31F 엔진

SOURCE : China arms, Uecrus

년 12월에 중국에 인도됐다. 나머지 항공기와 S-400 시스템은 2018년에 인도됐다.

크림 위기 이전에는 양국의 국유 방산 기업은 민간 생산에서 파트너십을 구축하기 시작했다. 예를 들어 러시아의 로스텍(Rostec)은 중국전자과기집단공사(中国电子科技集团公司)와 협력해 러시아 톰스크(Tomsk)에 LED 공장을 건설했다. 로스텍과 중국 기업 간의 기타 보고된 협력 분야로는 민간 트럭 생산, 전자, 화학, 희토류 금속 가공, 의료 장비 등이 있었다. 크림 위기 이후, 러시아에 부과된 서방의 기술 및 금융 제재는 국제무대에서 러시아 방위 산업의 발전 전략과 군사 및 기술 개발 계획에 깊은 영향을 미쳤다. 러시아 방위 산업은 서방과 우크라이나에서 부품, 재료, 기술, 장비 등을 조달하는 데 어려움을 겪었다. 위기 이전에 러시아의 방산품 수입은 1억 5,000만 달러에서 2억 달러에 달했고, 이후에는 7,000만 달러에서 8,000만 달러로 훨씬 제한적이었다. 업계는 전자 부품 및 함정의 디젤엔진과 같은 일부 핵심 부품은 서구로부터 수입되는 민·군 이중(Dual-use) 용도 제품에 의존하게 됐다.

러시아는 서방의 기술 제재 및 경기 침체와 함께 NATO와의 새로운 대결 구도에서 중국과의 방산 협력 모델을 재고했다. 이 위기는 러시아 방위 산업이 중국에서 대체 파트너와 공급업체를 찾는 방아쇠 역할을 했다. 이러한 상황은 더는 러시아가 중국에 현금을 대가로 국방 장비와 기술을 제공했던 과거의 일방통행이 될 수는 없었다. 러시아와 중국의 방위 산업은 점차 새로운 산업 동맹을 구축하는 방향으로 움직이고 있었다. 중·러 방위 산업 협력의 성장 추세는 2014년 이후에도 계속됐다. 2014년 11월, 러시아 국방부 장관 세르게이 쇼이구(Sergei Shoigu)는 베이징을 방문했을 때 "세계의 복잡한 상황으로 인해 양국의 국방 기술 협력이 특히 중요해지고 있다"라고 언급했다. 2015년 5월, 그는 중국과의 협력이 최고 지도부의 특별한 관심을 받고 있으며 확대될 것이라고 말했다. 대표적인 협력의 예로, 러시아는 해안 경비대 순찰선과 부얀-M(Buyan-M)급 미사일 초계함을 위해 독일 MTU 엔진 대신 하남시유궤중공유한책임공사(河南柴油机重工有限责任公司)에서 생산한 해군 디젤 엔진을 조달하기 시작했다. 2014년, 중국은 러시아로부터 RD-180 액체 연료 우주선 로켓 엔진 및 생산 기술을 얻는 대가로 중국항천과공집단유한공사(中国航天科工集团有限公司)의 우주 방사성 전자 부품 및 관련 생산 기술의 러시아로 아웃소싱 가능성을 검토했다. 2016년 6월, 블라디미르 푸틴(Vladimir Putin) 대통령이 중국을 방문했을 때 양측이 계약을 진행할 수 있도록 하는 지식재산권 보호에 관한 협정이 체결됐다. 이후 양측은 길고 고통스러운 협상을 끝내고 광동체(Wide-body) 여객기와 첨단 대형 헬리콥터의 공동 개발에 관한 합의에 서명했다. 여기에 더해 각각의 위성 항법 시스템(러시아의 GLONASS 및 중국의 베이도우(Beidou)) 통합에 대한 협정에도 서명했다. 러시아 우주 산업은 중국과의 기술 제휴를 발전시키는 데에도 점점 더 관심을 표명했다. 그 이유는 러시아는 중국 및 다른 브릭스(BRICs) 국가와의 협력이 경쟁력을 유지하는 데 중요하다고 여기기 때문이다. 브릭스 국가에는 신흥 경제 4개국인 브라질, 러시아, 인도, 중국이 포함된다. 양측은 항법의 정확성을 높이기 위해 두 시스템의 신호를 사용하는 지상 전자 장비를 공동으로 개발할 것이다. 아마도 중국북방공업집단유한공사(中国北方工业集团有限公司)는 필요한 전자 마이크로칩 개발에 협력할 것이다. 양국은 시스템에 대한 다양한 응용 프로그램을 개발하는 데에도 공동으로 연구할 것이다. 2016년 11월 초, 블라디미르 드로조프(Vladimir Drozzhov) 연방군사기술협력부 차장은 "러시아 군비에 대한 중국의 관심이 증가하고 있다"라고 말했다. 당시 중국과의 미결제 계약 규모는 80억 달러에 달했다. 같은 해

11월 말, 러시아 국방부 장관 세르게이 쇼이구는 2016년에 인도된 금액이 30억 달러를 초과했다고 밝혔다.

양국은 과거부터 현재까지 첨단 기술 영역에서 상당한 협력을 해오고 있다. 예를 들어 1990년대 러시아는 중국 무인 잠수정(UUV) 산업의 발전에 중요한 역할을 했다. 1991년 블라디보스토크에 있는 러시아 과학 아카데미(PAH) 해양 기술 문제 연구소와 중국 과학 아카데미의 선양 자동화 연구소(SIA) 간의 첫 번째 협력 계약이 체결됐다. 양 기관은 공동으로 무인 잠수정(UUV) CR-1을 개발했고, 최대 잠수 깊이가 6,000미터다. CR-1에는 능동 소나, 비디오 카메라, 음향 프로파일러 등이 장착됐다. 초기 시험은 1995년 중국 다롄(大连) 근처에서 이루어졌다. 두 번째 시스템인 CR-2는 중국 전자 부품을 사용하고, 탑재 컴퓨터 시스템을 개선했다. 세 번째 시스템인 MAKS-2는 해양 생물학 연구를 위한 원격 조작 잠수정이다. 러시아 과학 아카데미(PAH)와 선양 자동화 연구소(SIA) 공동 프로젝트 중 어떤 것도 군사적 목적이 있는 것으로 보이지 않는다. 그러나 1990년대에 중국의 더 많은 발전을 위한 길을 열어준 러시아의 주요 무인 잠수정(UUV) 기술 이전이 있었음이 분명하다. 오늘날에도 유사한 협력이 이루어지고 있다. 이러한 협력이 과거 1990~2000년대에 추진됐던 공동사업과는 다른 양상으로 나타난다. 중국의 협상 지위는 강해지고, 러시아 측의 입장은 약해졌기 때문이다. 중국의 자금 조달과 핵심 기술로 인해 중국이 특정 협력 프로그램을 지배하게 될 가능성이 있다. 중국이 러시아의 기술을 탈취하는 것에 대한 우려는 1990년대만큼 크지 않다.

최근 중·러 협력의 중요한 추세는 공동 연구 개발 협력의 점진적인 증가다. 중국이 자체 연구 개발에 집중하면서 무기 공급자로서 러시아의 중요성이 점차 감소하는데도, 여전히 기술 파트너로서 중요한 역할을 수행하고 있다. 러시아는 이제 전체 플랫폼이 아닌, 이러한 플랫폼의 핵심 부품을 개발하기 시작했다. 예를 들어 궤도 차량용 서스펜션 파트, 항공기 기체의 특정 부품 및 소프트웨어 등이 있다.

현재 러시아의 대중국 무기 수출은 크게 두 가지로 분류된다. 첫 번째는 다양한 기술 또는 경제적 이유로 중국인이 신속하게 모방할 수 없는 핵심 무기체계 및 부품이다. 두 번째는 소련 붕괴 이전부터 대량 생산된 무기체계다. 첫 번째 범주의 제품에는 Mi-17 및 Ka-28 헬리콥터, AL-31F, RD-93 및 D-30KP2 항공기 엔진이 포함된다. 소련이 해체된 이후에는 근본적으로 현대화된 소련 시스템과 신기술도 해당한다. 여기에는 S-300PMU2 지대공미사일(SAM) 시스템, Su-35 전투기, Amur-1650 잠수함, S-400 지대공미사일(SAM) 체계 등이 포함된다. 어떤 경우에는 러시아 기술을 복사하는 것이 불가능하거나 실용적이지 않다. 이 그룹의 일부 다른 제품의 경우 복제 노력이 지속했지만, 여전히 큰 기술적 문제에 직면해 있다. 두 번째 범주는 중국 복제의 위협이 여전히 남아 있지만, 1990년대만큼 위협이 크지는 않다. 소련이 해체된 후 대량 생산에 참여한 제조업체 또는 개조업체가 구소련 공화국에 남았다. 중국인은 러시아의 기술 모방 제한을 우회하고, 특정 무기체계를 완전히 현지화하기 위해 해당 공화국에서 기술을 획득하기가 쉽다는 것을 알게 됐다. 예를 들어 우크라이나 회사는 Su-27SK 및 Su-33 전투기와 RD-93 엔진의 복제품 생산을 시작하려는 중국의 노력에 중요한 역할을 했다. 이는 러시아가 1990년대에 상대적으로 약한 방첩체계를 가지고 있었기 때문에 중국이 첨단 군사 기술을 쉽게 절취할 수 있었다. 그러나 최근 몇 년 동안 러시아는 무기의 설계 및 생산 주기에서 우크라이나와 벨라루스(Belarus) 회사들을 제외하는 정책을 추진했다. 최신 러시아 국방 기술에 대한 독립 국가 연합(CIS) 국가들의 접근

이 대부분 제한됐다. 그 결과 중국의 방위 산업 자체가 점점 더 유능해지고 있음에도 불구하고, 러시아의 노하우에 불법적으로 접근하고 러시아 무기 시스템을 복제할 수 있는 중국의 능력이 줄어들고 있다.

중국과 러시아는 2005년부터 매년 1회의 평화사절훈련이라고 불리는 대규모 지상·공군훈련을 시행하고 있다. 2012년부터는 매년 해군연합훈련이 시행되고 있다. 정기적인 대규모 연합 군사훈련 및 기타 활동에서 알 수 있듯이 러시아와 중국의 군사 분야에서 상호 신뢰, 투명성 및 협력 수준은 이미 매우 높다. 대테러 및 안보 부대(중국 인민무력경찰, 러시아 방위군 및 연방 안보국)는 훨씬 더 자주 연합 훈련을 시행한다. 때에 따라 훈련에는 단일 사령부하에 중·러 연합 전술 부대를 구성하거나 연합 계획에 따라 공격을 수행하는 항공 부대를 만드는 것이 포함된다. 두 해군은 대잠전, 대공 및 대수상전, 상륙 작전을 수행한다. 이것이 의미하는 바는 중동의 동맹국 및 파트너를 지원하기 위해 연합 작전을 수행할 수 있다는 것이다. 이 작전에는 러시아의 이점인 특수 작전, 근접 항공 지원 및 방공 분야와 중국의 강력해진 해군 능력의 결합이 수반된다. 2015년 지중해 동부와 2017년 발트해에서의 연합 부대 배치, 상륙 작전, 방공 및 타격 임무를 포함하는 최근 몇 년 동안의 중·러 합동 훈련은 그러한 행동이 고려되며 준비되고 있음을 시사한다.

2019년 9월 중순부터 중국은 인도, 파키스탄, 키르기스스탄, 카자흐스탄, 타지키스탄, 우즈베키스탄의 군대와 함께 러시아의 전략지휘참모본부 훈련인 'TSENTR-2019'에 참가했다. 중국은 2018년 보스톡(VOSTOK) 훈련에 이어 2년 연속 러시아의 지휘관 캡스톤(CAPSTONE) 훈련 시리즈에 참가했다. 2019년 훈련의 목적은 중앙아시아의 테러 위협에 대한 대응을 시뮬레이션하면서 러시아 군대의 준비태세와 지역 파트너 간의 상호 운용성을 시험하는 것이었다. 중국은 서부전구사령부에서 약 1,600명의 지상군 및 공군 병력과 H-6 폭격기를 포함한 거의 30대의 고정익 항공기 및 헬리콥터를 배치했다. 훈련 중 중국과 러시아는 지상 기동을 실시했고, 중국과 러시아 항공기는 모의 적 목표물에 미사일과 폭격을 가했을 수 있다. 웨이펑허 국방부 장관은 푸틴 러시아 대통령 및 국방부 장관과 함께 훈련의 일부를 참관하며, 중국과 러시아의 협력 수준이 높아진 데 대해 언급했다.

양국의 서방 관계 악화 그리고 동유럽과 서태평양의 군사적 긴장 고조 등을 고려할 때, 러시아와 중국은 협력을 확대할 수밖에 없다. 중국과 러시아는 현재와 미래의 미국 기술 혁신 계획에 대응하기 위해 점점 더 결합한 국방 자원에 의존할 가능성이 크다. 여기에는 방위 산업과 군사 협력이 모두 포함된다. 이러한 협력을 강화하기 위한 조직적, 법적 틀은 이미 마련되어 있다. 양국의 방위 산업과 군은 이미 상당한 수준의 상호 운용성에 도달했으며, 상대방의 강점과 약점에 대한 깊은 지식을 갖춘 전문가들을 보유하고 있다. 러시아와 중국 간의 높은 수준의 민간 경제 통합에 도달하려는 노력은 아직 비교적 초기 단계에 있으며, 상당한 기술적 장애물에 직면해 있다. 그러나 군사, 방위 산업, 안보 분야에서는 전부는 아닐지라도 대부분의 필요한 준비 작업이 이미 진행되어 협력이 진행되고 있다. 미래에는 과거의 일방적인 의존과 달리 상호 의존적인 산업 동맹으로 이동할 수 있다. 이러한 추세는 자동차 및 전자 제품과 같은 러시아 민간 산업에 대한 중국의 참여 증가가 이 주장을 뒷받침한다.

평화적 임무

중국은 군사외교의 일환으로 글로벌 군사활동을 강화하고 있다. 중국군은 '평화적 임무'를 군사 준비태세, 군사 현대화 노력, 군사 외교의 구성 요소로 보고 있다. 이러한 작전은 중국 국경 너머로 증가하는 중국군의 역할을 반영한다. 2015년 5월에 발행된 중국의 군사 전략에서는 중국군의 임무에 대해 여러 가지를 명시하고 있다. 유엔 안전보장이사회의 임무를 엄격히 준수해 지속해서 유엔 평화유지군에 참여하고, 분쟁의 평화적 해결에 대한 약속을 유지하며, 지역의 평화와 안전을 수호할 것이라는 내용이다. 중국군은 계속해서 국제적 재난구조 및 인도적 지원에 적극적으로 참여하고, 전문구조팀을 재난지역에 파견해 구조 및 재난 경감에 이바지할 것이다. 그리고 구호물자 및 의료지원을 제공하며, 구조 및 재해 감소 분야의 국제교류를 강화할 것이다.

중국 군대의 해외 진출의 근거는 국방백서에서 그 정당성을 제공한다. 당은 군에 해외 이익과 시민을 보호하는 임무를 부여했다. 중국의 지역 및 국제적 이해관계가 증가함에 따라 중국군은 특히 평화 유지 작전(PKO), 해적대응, 인도적 지원 및 재난구조(HA/DR), 대테러 등 분야에서 국제적 참여를 크게 확대했다. 해군은 원해 배치 및 해적 방지 임무로 인해 해외 작전 경험이 가장 많을 것이고, 공군은 해외에서 신속한 대응 인도적 지원 및 재난 구호(HA/DR) 작전 수행 경험이 가장 많을 것이다. 육군은 평화 유지 작전(PKO) 수행 경험이 가장 많을 것이다. 전략지원군의 경우 나미비아, 파키스탄, 아르헨티나에서 추적, 원격 측정 및 지휘소를 운영한다.

중국은 2008년부터 UN 평화 유지 작전(PKO) 참여를 확대했다. 이를 통해 중국의 국제적 이미지를 높이고, 중국군에 작전 경험을 제공하며,

정보 수집의 길을 열어 외교 정책 및 군사 목표를 지원했다. 중국은 유엔 안전보장이사회 상임이사국 중 유엔 평화 유지 임무에 가장 큰 병력을 제공한다. 2019년 12월 기준으로, 중국은 아프리카, 유럽 및 중동에 있는 8개의 UN 평화 유지 작전(PKO)에 약 2,545명의 인원을 파견했다. 중국은 UN 평화 유지 작전(PKO) 참여를 통해 책임 있는 글로벌 행위자로서의 역할을 강조했고, 중국 국경 너머에서 작전을 수행할 수 있는 능력을 개선할 수 있다. 2019년 10월, 중국 건국 70주년 퍼레이드에서도 중국은 평화 유지 활동을 강조했다. 수단, 남수단, 말리, 콩고민주공화국, 서사하라, 키프로스, 레바논 및 중동의 다른 지역에서도 중국은 UN 작전에 인력을 제공한다. 평화 유지 작전(PKO)에 배치된 중국 요원은 군인, 경찰, 기술자, 의료인, 물류 전문가 등을 포함한 전문가로 구성된다.

최근 몇 년 동안 중국은 아프리카 연합(AU)과 안보 문제에 대한 군사 협력 및 참여를 확대했다. 아프리카에 있는 여러 UN 평화 유지 작전(PKO)에 군대와 기타 인력을 제공했다. 이 외에도 장비와 연간 120만 달러의 자금을 제공한 소말리아 아프리카 연합 사절단(AMISOM)을 포함해 아프리카 연합에 인가된 작전을 지원한다. 또한, 아프리카 연합(AU)을 지원하는 아프리카 예비군의 전략적 비축에 1억 달러의 군사 장비도 제공했다. 2019년 7월, 중국 국방부는 베이징에서 제1회 중국·아프리카 평화 안보 포럼을 개최했다. 아프리카 50개국의 국방 및 군 대표가 참석한 이 포럼은 아프리카 안보 문제에서 중국의 역할을 심화하고, 중국의 외교 정책 목표를 보다 광범위하게 홍보했다. 이를 통해 아프리카 국가들과의 전략적 파트너십을 강화하고, '인류의 미래를 공유하는 공동체'를 건설한다는 개념을 더욱 발전시켰다.

중국은 해외에서 해군력을 지속해서 강화하고, 해외 군수 시설을 개발하며, 다양한 임무를 완수할 수 있는 능력을 강화하고 있다. 2008년부터 해군은 중동, 유럽, 아프리카, 남아시아, 동남아시아, 오세아니아 및 라틴 아메리카를 방문했다. 인도양에는 잠수함을 배치해 해당 지역에서 작전에 대한 친숙도가 증가하고 있음을 보여주었다. 남중국해 너머의 해상 교통로(SLOC) 보호에 대한 중국의 관심도 강조했다. 2015년에 아덴만 해군 태스크 포스는 3척의 해군 선박을 동원해 예멘에서 지부티와 오만까지 629명의 중국 시민을 대피시켰다. 중국은 2008년부터 제31, 32, 33 해군 호위 편대를 아덴만 해역에 배치하는 등 아덴만 주변 해적 작전을 지속하고 있다. 제32 편대는 파견 기간 중 42척의 중국 및 외국 선박을 호위했으며, 중국·프랑스 군사 교류 및 러시아 해군의 날 축제 행사에 참여했다. 파견이 끝나면 이들 태스크 그룹은 기항을 수행하고, 주둔국 군대 및 현지 중국 커뮤니티와 쌍방향 교류를 개최해 군사 외교를 위한 추가 기회를 얻었다. 공군도 해외 평화적 임무에 지속해서 참여하려고 한다. 2002년부터 동남아시아와 남아시아 전역에서 자연재해 발생 후 구호 활동을 펼쳤고, 2015년에는 리비아 대피를 지원했다. 2014년에는 말레이시아 항공기 MH370을 수색했다.

북극권에 대한 국제적 협력

중국은 2018년 1월에 첫 번째 북극 전략을 발표했다. 내용은 '극지 실크로드'를 촉진하고, 중국을 '북극에 가까운 국가'로 발전시키겠다는 것이었다. 이 전략은 북극에서 중국의 이익을 천연자원 및 해상 교통로(SLOC)에 대한 접근을 의미하며, 중국의 쇄빙선과 연구 기지를 필수적인 요소로 강조한다. 2019년 5월, 상하이에서 중국은 북극권 중국 포럼을 주최했으며, 중국 관리들은 극지 실크로드를 따른 국가들과의 파트너십 확대에 대한 중국의 관심을 강조했다. 북극 환경 보호에 있어서 중국의 역할의 중요성 또한 강조했다. 중국은 2013년 북극이사회에서 옵저버 자격을 얻은 이후 북극 지역에서의 활동과 참여를 확대해왔다.

중국은 아이슬란드와 노르웨이에 민간 연구 기지를 유지하고 있으며, 우크라이나에서 건조된 쇄빙 연구 선박인 쉬에롱(雪龍)을 운영하고 있다. 쉬에롱은 2017년에 캐나다 북서 항로를 횡단한 최초의 중국 공식 선박이 됐다. 2019년 9월, 쉬에롱은 북극 환경 연구에 중점을 둔 10차 북극 탐험을 완료했다. 2018년, 중국은 두 번째 쇄빙 연구선인 쉬에롱 2호를 진수했다. 최대 1.2m 두께의 얼음을 깰 수 있는 쉬에롱에 비해 쉬에롱 2호는 최대 1.5m 두께를 깰 수 있다. 쉬에롱 2호는 전진 또는 후진하면서 얼음을 깰 수 있는데, 이러한 기능은 쉬에롱 2호가 세계 최초다. 2020년 9월, 쉬에롱 2호는 중국의 11차 북극 탐험을 완료했다. 이 기간에 연구자들은 북극해의 생태계와 새로운 오염 물질을 연구했다. 2020년 11월에는 쉬에롱 2호가 중국의 37차 남극 탐사에 착수했다. 이 탐사에서 연구자들은 수문, 기상 및 환경 연구를 수행하고, 남극해의 미세 플라스틱 및 표류 쓰레기와 같은 새로운 오염 물질을 모니터링 했다. 중국의 북극 참여에 관한 관심과 확대는 중국과 러시아 간의 새로운 협력 기회를 창출했다. 2019년 4월, 중국과 러시아는 중·러 북극 연구 센터를 설립했다. 중국과 러시아는 이 센터를 이용해 북극해 항로의 최적 경로를 연구하기 위한 공동 탐사를 실시했다.

03

군사적 대결 측면

미국과의 경쟁

중국의 2019년 국방백서는 중국이 미국과 장기적인 군사 기술 경쟁을 벌이고 있으며, 중국군은 여전히 세계 최고의 군대에 훨씬 뒤떨어져 있다고 명시하고 있다. 백서는 중국군이 국가적 요구를 충족시키기 위해 군 현대화에 더 많은 투자를 해야 한다고 경고한다. 이러한 중국의 인식 속에서 미국은 중국으로 흘러 들어가는 경제적 혜택, 기술 및 지식 흐름을 단속하려는 노력을 강화하고 있다. 중국의 입장에서 미국의 다양한 조치들은 장기적인 발전에 큰 장애물이다. 이러한 대세적 흐름은 2019년 미국 시장과 기술에 대한 접근에서 화웨이(Huawei)를 배제함으로써 중국을 고립시키려는 미국의 노력으로 강조됐다. 실제로 중국에 대한 미국의 수출, 투자 및 학술 교류 통제도 크게 강화됐다. 이에 대응해 중국 지도자들은 중국의 인공지능, 반도체, 5G와 같은 신흥 핵심 분야에서 고유 기술 역량을 개발하기 위한 노력을 강화할 것을 촉구하고 있다. 중앙 집권화된 중국의 기술 추격은 기술 선진국 미국을 빠르게 따라잡고 있다.

미 국방부는 미군 기술 우월성의 침식을 해결하기 위해 2014년 하반기에 '제3차 상쇄 전략'을 발표했다. 이는 미군의 지배력을 되찾고 유지하기 위한 혁신적인 방법을 식별하고 투자하는 것을 목표로 한다. 상쇄 전략은 기술, 교리 및 조직 혁신을 활용해 경쟁국의 강점을 무효화하고 전략적 우위를 창출 및 유지하려는 평화 시 경쟁 전략의 한 유형이다. 이 전략의 발표가 있기 전에 미국은 여러 가지 활동들로 향후 방향성에 대한 예측이 가능하도록 했다. 처음으로 제3차 상쇄 전략은 2014년 8월, 로버트 워크(Robert Work) 미 국방부 차관에 의해 국방 대학 연설에서 이미 언급됐다. 같은 해 9월 3일, 척 헤이겔(Chuck Hagel) 미 국방부 장관은 로드 아일랜드 주 뉴 포트에서 열린 방위 산업 연합 연설을 하는 동안 제3차 상쇄 전략이 진행 중임을 확인했다. 10월 말, 미국 전략 및 예산 평가 센터(CSBA)는 새로운 상쇄 전략을 향한 보고서를 발표했다. 보고서의 제목은 '미국의 글로벌 전력 투사 능력 복원을 활용하기 위한 미국의 장기적 이점 활용(Exploiting US Long-term Advantages to Restore US Global Power Projection Capability)'이었다. 이 보고서에서 지적했듯이, 중국과 러시아는 장기적이고 포괄적인 군 현대화 프로그램을 추구하고 자금을 지원해 미국과 기술 격차를 해소하기 위해 노력해왔다. 전통적인 미군의 우위에 맞서기 위해 고안된 것으로 보이는 전력 개발로는 대함, 대공, 사이버, 전자전 및 특수 작전 능력이 있다. 이러한 문제에 대해 2015년 미국 척 헤이겔 국방부 장관은 다음과 같이 결론을 내렸다.

"우리는 사이버 공간은 말할 것도 없고, 바다, 하늘, 우주에 대한 미국의 지배가 더는 당연한 것으로 받아들여질 수 없는 시대에 접어들고 있다. 그리고 미국은 현재 잠재적인 적에 대해 결정적인 군사 및 기술 우위를 가지고 있지만, 미래의 우월성은 주어진 것이 아니다."

그의 말은 미국의 전략적 불안을 분명히 반영한다. 이러한 불안을 완화하기 위해 미국은 중국과 러시아에 대한 지속적인 군사적 우위를 추구하고, 미국의 패권에 도전하는 것을 막기 위해 제3차 상쇄 전략을 내놓았다. 같은 해 11월 15일, 헤이겔 장관은 전략의 기본 틀을 명확히 하기 위해 '국방 혁신 구상'이라는 각서(Memorandum)를 발표했다. 이 계획을 감독하기 위해 로버트 워크 차관에게 업무가 지시됐다. 헤이겔은 같은 날 레이건 국방 포럼에서 연설하면서 제3차 상쇄 전략을 공식 발표했다. 2015년 1월, '제3차 미국 상쇄 전략과 파트너와 동맹국에 대한 시사점(The Third US Offset Strategy and Its Implications for Partners and Allies)'이라는 제목의 연설에서 로버트 워크 차관은 기술 우월성의 침식에 대한 해결을 강조했다.

미국 전략 및 예산 평가 센터(CSBA) 보고서는 미국의 역량 이점을 활용해 글로벌 감시 및 공격(GSS) 네트워크를 형성하는 방법에 관해 설명한다. 여기에서 제3차 상쇄 전략이 무인 시스템 및 자동화, 장거리 및 저 관측 가능한 항공 작전, 해저 전쟁, 복잡한 시스템 엔지니어링 및 통합을 강조한다. 이는 지리적으로 분산된 다양한 플랫폼을 결합함으로써 장애물을 제거하고, 미국 전력 투사에 유리한 조건을 만드는 것이다. 이는 균형 잡히고 탄력적으로 적의 능력에 대응할 수 있다. 여기에 더해 미국은 전력 투사 능력과 역량을 회복하고, 신뢰할 수 있는 거부 및 응징 위협을 통해 억지력이 강화될 것이다. 장기적으로는 잠재적인 적에게 큰 비용을 부과할 수 있다. 미국 전략 및 예산 평가 센터(CSBA)

에 따르면, 미군의 많은 요소가 미래 글로벌 감시 및 공격(GSS) 네트워크에서 중요한 역할을 할 것이지만, 일반적으로 공군 및 해군과 무인 플랫폼에 의존할 것이다.

제3차 상쇄 전략의 핵심은 미국이 중국의 A2/AD 능력을 상쇄시킬 수 있는 근본적인 장기적 이점이 있는 기술 분야로 경쟁을 전환하는 것이다. 국방부 관계자는 제3차 상쇄 전략의 기원이 중국이 제기한 위협에서 비롯된 것임을 인정했다. 2015년 11월, 국방부 차관 로버트 워크는 2010년대 초 전 국방부 차관 애슈턴 카터(Ashton Carter)가 전략 능력실(Strategic Capabilities Office)을 설립하면서 처음으로 제3차 상쇄 전략에 대해 생각하기 시작했다고 밝혔다. 제3차 상쇄 전략의 개발은 미국이 중국과 국방 기술 경쟁에 직접 참여하는 데 첫걸음을 내디뎠다는 신호였다. 미국의 국방 획득 관점에서 이러한 전략은 장기 연구 개발 프로그램 계획(LRDPP)에서 운영되고 있다. 이 계획은 미국이 스텔스 및 정밀 타격과 같은 파괴적인 기술 능력으로, 소련의 군사적 우월성을 성공적으로 상쇄한 1970년대에 시작된 노력을 모델로 한다. 장기 연구 개발 프로그램 계획(LRDPP)을 총괄한 전 국방부 장관인 프랭크 켄달(Frank Kendall)은 2015년 1월, 국회 청문회에서 국방부의 새로운 혁신 추진을 위해 중국이 제기한 군사 기술 위협에 대한 간결한 평가를 제공했다.

> "중국은 미국의 전력 투사군을 물리치기 위해 고안된 첨단 무기를 개발하고 배치했다. 그리고 더 많은 것이 개발 중이다. 이 무기체계는 다양하지만 그중 가장 중요한 것은 항공모함과 같은 고가 자산을 공격하도록 설계된 정교한 순항미사일과 탄도미사일이다. 중국은 이 미사일을 대량으로 배치하고 있다. 이 미사일이 첨단 전자전 시스템, 최신 공대공미사일, 광범위한 대공미사

일, 향상된 해저 전투 능력, 5세대 전투기, 사이버 공격 등과 결합할 때 위협은 증가한다."

로버트 워크 차관은 잠재적인 적을 억지하기 위해, 특히 인공지능 및 자율성 분야에서 다수의 새로운 첨단 기술이 제3차 상쇄 전략의 초기 초점으로 밝혀졌다. 이 첨단 기술은 5개의 범주로 나눌 수 있다. 첫째, 자율 '딥 러닝' 시스템이다. 이러한 기능은 우발 상황에 대한 조기 경보 및 예측을 개선하는 데 도움을 준다. 둘째, 인간과 기계의 협업이다. 대표적인 예는 첨단 전투기의 전자장비로부터 데이터를 통합하는 전투기 조종사의 고급 헬멧이다. 즉 기계가 인간과 인터페이스를 통해 의사결정을 지원하는 것을 의미한다. 셋째, 기계의 인간 지원이다. 영화 〈아이언 맨〉에 나왔던 외골격 슈트가 좋은 예다. 기계가 인간의 작전을 보다 효과적으로 지원하는 것을 말한다. 이는 인간의 신체와 뇌를 수정하는 데 초점을 맞춘 '강화된 인간 작전'과는 차이가 있다. 넷째, 인간과 기계의 전투 팀 구성이다. 이것은 미 육군의 아파치(Apache) 헬리콥터와 그레이 이글(Gray Eagle) 무인 항공기와 같은 인간 비행사와 무인 시스템의 팀 구성을 의미하는데 이미 현실이 됐다. 이와 같은 구성은 인공지능을 포함한 사람과 로봇의 고유한 장점을 하이브리드 팀으로 활용해 전장에서 결정적인 이점을 제공한다. 다섯째, 전자 및 사이버 전쟁 환경에 네트워크 지원 반자율 무기체계다. 대표적인 예는 GPS 정보에 의존하지 않고 목표물에 명중하는 미사일이다. 최종 목표는 과거 냉전 기간에 전자기 펄스 공격에 대한 보호와 같이 점점 더 정교해지는 전자 및 사이버 공격으로 무기체계가 무력화되는 것을 방지하는 것이다. 실제 많은 미군의 무기 및 시스템이 반자율이지만, 군사보안이 취약한 네트워크에 연결된다.

제3차 상쇄 전략은 사실 완전히 새로운 개념이 아니다. 과거에도 1, 2차 상쇄 전략이 있었다. 1차 상쇄 전략은 구소련의 재래식 우위를 상쇄하기 위해 미국의 핵 우위를 채택함으로써 목표를 실현했다. 2차 상쇄 전략은 무기 및 장비의 품질 경쟁을 통해 목표를 실현했다. 서유럽보다 수적으로 우세했던 바르샤바 조약 위협에 대응해 정밀 유도 무기, 센서, 스텔스 및 네트워킹 기술의 개발과 관련이 있다. 즉 고품질의 정밀 유도 무기라는 미국의 이점을 활용해 무기와 인력에 대한 소련의 수치적 이점을 상쇄했다. 미국은 과거 성공에서 세 가지 중요한 교훈을 얻었다. 첫 번째는 비대칭적 전력은 효과적인 억제 수단이 될 수 있다는 것이었다. 두 번째는 기술은 열등한 부대의 수치적 이점을 상쇄하도록 부대의 전투 효율성을 배가시킬 수 있다는 것이었다. 세 번째는 기술 우위를 이용해 경쟁을 형성해 미군이 더욱 효과적으로 경쟁할 수 있는 영역으로 이동할 수 있다는 것이었다. 과거 성공했던 두 번의 상쇄 전략을 바탕으로 나온 제3차 상쇄 전략은 당연히 중국에 우려를 불러일으켰다.

미국은 우주기술, 해저기술, 항공 및 타격기술, 미사일, 신개념기술 등 다양한 영역에서 기술 우위를 확보하기 위해 새로운 장기적 연구 개발 계획 프로그램을 시작했다. 제3차 상쇄 전략은 절대적인 군사적 우월성을 추구하기 위해 기술을 다른 모든 것보다 우선시하는 미국의 전통적인 전략적 사고를 반영한다. 동시에 억제, 결합 작전 및 핵 전략에 대한 새로운 아이디어를 포함해 새로운 전략적 사고의 발전을 보여준다. 미군은 A2/AD 문제에 대응하기 위해 로봇 공학, 자율 시스템, 소형화, 빅데이터 및 첨단 제조 분야의 혁신을 활용하고 통합하는 것을 구상하고 있다.

미국 군사 전략의 틀을 바꾸는 제3차 상쇄 전략은 세 가지 주요 특성이 있다. 첫째, 중국과 러시아에 대한 압도적인 재래식 억지력을 개발해 그들과의 대규모 군사적 충돌 가능성을 줄이는 것이다. 둘째, 잠재적인 적과의 양적 군비 경쟁에서 경쟁을 피한다. 대신 이러한 경쟁자들이 현재 가지고 있는 수치적 우월성을 보상하기 위해 기술적으로 우수한 품질을 개발하는 데 초점을 맞추고 있다. 셋째, 기술이 중요하지만, 운영 전략과 조직 구조도 수치적으로 더 강력한 상대에 대한 이점을 얻는 데 핵심 요소다.

제3차 상쇄 전략이 이전 전략과 차별화되는 점은 짧은 일정과 과제의 다양성에 있다. 전 미국 국방고등연구계획국(DARPA) 국장이었던 아라티 프라바카르(Arati Prabhakar)는 오늘날의 기술 경쟁은 대규모의 장기적 경쟁이 아니라 매달 측정된다고 언급했다. 그만큼 혁신의 속도가 빠르다는 의미다. 그뿐만 아니라 민간, 학계, 국방 기관의 역할이 과거와는 다르다는 것이다. 이전 상쇄 전략이 국방 기관이 주도했다면 3차 전략은 민간 부문이 혁신의 중심 역할을 한다.

중국과 러시아는 제3차 상쇄 전략과 같은 미국의 '국방 혁신 구상'을 심각한 안보 문제로 보고 있다. 이에 따라 두 국가는 거의 동시에 방위 산업 및 국방 혁신 시스템을 개혁하고, 중앙 집중화해 자원이 더 많이 집중될 수 있도록 했다. 예를 들어 산업을 감독하고 전통적으로 국가 총리가 의장이 되는 러시아 정부의 핵심 기구인 국방산업위원회를 2014년 9월부터 푸틴 대통령이 이끌고 있다. 이 기관의 지위는 과거 여러 내각급 위원회 중 하나였지만, 현재는 대통령 직속 위원회로 높아졌다. 그 결과 대통령은 거의 매월 단위로 위원회 회의에 참석하고 방산 기업의 고위 경영진과 접촉한다.

중국 지도부는 최근 몇 년 동안 국방 통합 및 민간 혁신 관리와 관련된 기존 규정과 조직을 혁신하기 위해 상당한 노력을 기울였다. 그 결과 중앙군사위원회의 개혁은 주요 연구 개발 관련 정책을 최고지도자 아래에서 감독하는 등 많은 기능을 중앙집권화했다. 2017년 1월, 중국은 시 주석이 주재하는 민군 융합발전위원회라는 새로운 기구를 설립했다. 정치국 상무위원 7명 중 4명이 이 기구의 위원이기도 하다. 2017년 12월, 중앙군사위원회 과학 기술문제 담당 부주석 장유샤(张又侠) 장군은 모스크바에서 열린 중·러 군사기술협력위원회 연례회의에 참석했다. 푸틴 대통령이 직접 그를 영접한 것은 양국의 정치 지도부가 양국 간 방산 기술 협력에 관한 관심이 높아지고 있음을 보여준 중요한 메시지였다.

미국과 중국은 첨단 기술 경쟁이 완전히 새로운 것은 아니다. 미국과 중국은 1980년대에 전자기 레일 건(EMRG) 기술 개발을 경쟁했다. 1971년 미국 록히드(Lockheed)가 개발한 무인 항공기(UAV) D-21은 중국 상공에서 격추됐다. 이 사건은 오랫동안 미국과 중국 대화의 일부였다. 그리고 X-15와 같은 최초의 미국 극초음속 로켓추진 항공기는 1950년대 후반에 비행을 시작했다.

[자료 3-3] D-21 무인 항공기(UAV)와 X-15 극초음속 항공기

SOURCE : USAF

중국 언론과 학자들도 제3차 상쇄 전략의 전개를 예의 주시 하고 있다. 중국 방위 산업에 미치는 영향 또한 고려하고 있다. 중국 분석가들은 미국의 혁신, 최첨단 시스템, 싱크 탱크 기관들의 기여, 강력한 민군 융합 방위 산업 기반을 포함하는 미국의 장점에 주목한다. 그런데도 미국은 국방예산에 대한 압박, 다른 국가에 비해 약화하는 경제력, 미군이 전 세계로 전력을 투사해야 하는 '홈 필드' 이점이 부족하다. 중국은 또한 명확한 기술 전략, 향상된 국방 조달 및 구매, 심도 있는 민군 융합, 혁신의 증가, 첨단 전쟁 시뮬레이션 및 분석 도구, 명확한 국방 요구 사항, 적극적인 혁신이 부족하다고 판단했다. 중국 국방과기공업국에서 발행된 자료에 따르면, 중국의 방위 산업은 미국의 제2차 상쇄 전략에 대한 대응으로 소련이 했던 과오를 피해야 한다고 지적한다. 재정의 과잉 지출을 피하고 중국 거버넌스 시스템의 정치적 이점을 활용해 주요 프로그램에 집중하는 것이 적절하다는 것이다. 그리고 훌륭한 인재 채용, 민군 융합, 실패를 허용하는 연구 개발 환경 등에 대해서도 강조했다.

미국의 제2차 상쇄 전략은 일반적으로 소련 경제의 붕괴에 중요한 역할을 한 것으로 알려져 있다. 소련은 미국과의 과도한 군비 경쟁으로 비용부과의 함정에 빠졌다. 중국은 미국의 제1, 2차 상쇄 전략을 연구해 배웠을 것이며, 과거의 실패를 반복하지 않을 것이다. 제3차 상쇄 전략의 압력에 직면해 중국은 국방 기술 경쟁의 함정에 빠지지 않도록 노력할 것이며, 미국과 차별되는 정책을 채택할 것이다. 즉 중국은 국방 기술 개발에 있어 미국과 경쟁하기 위해 대대적인 정책을 채택하지 않고, 가장 필요한 국방 기술을 개발하기 위해 비대칭 방식을 채택할 것으로 보인다.

제3차 상쇄 전략은 러시아 국방부, 방위 산업체, 러시아 학계 및 정부 기관에서 면밀하게 주시하고 있다. 러시아는 제3차 상쇄 전략과 유사한 기술 개발 프로그램을 적극적으로 운영하고 있다. 그러나 러시아

당국은 미국의 기술 혁신이 전략적, 특히 핵 안정성에 어떤 영향을 미칠지 세심한 주의를 기울이고 있다. 러시아는 서방과의 관계 악화에 비추어 기존 중국과의 방산 협력 모델을 재고하고 있는 것으로 보인다. 중국과 러시아는 이 단계에서 협력하는 것이 미국이 군사적, 기술적 우위를 확보하는 것을 막는 유일한 방법으로 볼 수 있다.

미국과 협력하는 주변 국가들

1949년 이후로 주변 국가들과 영토 분쟁에서 중국의 무력 사용 형태는 다양했다. 1962년 인도 및 1979년 베트남과의 국경 분쟁에서와 같이 일부 분쟁은 전쟁으로 이어졌다. 1960년대 중국과 소련의 국경 분쟁은 핵전쟁의 가능성을 높였다. 최근에 내륙 국경과 관련된 분쟁에서 중국은 때때로 이웃 국가와 타협하고 심지어 양보까지 했다. 1998년 이후 6개의 이웃 국가와 11건의 영토 분쟁을 해결했다. 이와는 반대로 최근 몇 년 동안 잠재적으로 풍부한 연안 석유 및 가스 매장지의 소유권에 대한 여러 분쟁을 처리하기 위해 더 강압적인 접근 방식을 채택했다.

최근 중국과 일본의 마찰이 심해지고 있다. 동중국해에는 천연가스와 석유가 매장되어 있지만, 탄화수소 매장량을 추정하기는 어렵다. 중국과 일본은 동중국해의 대륙붕과 배타적 경제수역(EEZ)에 대해 중복 주장을 하고 있다. 일본은 관련 국가의 등거리선으로 배타적 경제수역(EEZ)을 분리해야 한다고 주장하는 반면, 중국은 오키나와 해구까지 등거리선 너머로 확장된 대륙붕을 주장한다. 일본은 중국의 해안 경비대법에 대해 무력 사용 및 관할권에 대한 모호한 부분에 대해 심각한 우려를 표명했다. 일본은 영유권 분쟁 중인 동중국해에서 중국 해안 경비선과 어선이 지속해서 출현하는 것을 우려하고 중국의 주권 주장을 거부한다. 그런데도 양측은 동중국해 분쟁에 대한 다양한 입장을 인정하는 분위기다. 대화, 협의 및 위기관리 메커니즘을 통해 마찰이 확대되는 것을 방지할 것이라고 양국 협상에서 명시했다.

다음으로 남중국해를 둘러싼 주변국들과의 분쟁이다. 남중국해는 동아시아 전역의 안보에서 중요한 역할을 한다. 중국은 브루나이, 필리핀, 말레이시아, 베트남이 전체 또는 부분적으로 분쟁을 제기하는 모호한 자칭 '구단선' 내에서 스프래틀리 군도 및 파라셀 군도에 대한 영유권을 주장하고 있다. 스프래틀리 군도의 이투아바 섬을 점유하고 있는 대만은 중국과 동일한 영유권 주장을 하고 있다. 2020년 4월, 중국은 주권 주장을 추가로 하기 위해 파라셀 군도와 스프래틀리 군도를 포함하는 2개의 새로운 행정 구역을 만들었다. 인도네시아, 말레이시아, 필리핀, 베트남은 중국의 계속되는 외국 어선에 대한 호전적 행동에 대응해 중국의 구단선 주장을 공개적으로 거부하고, 해상 주권을 주장하기 위해 국제법을 발동했다.

인도와의 국경 마찰은 결국 충돌로 이어졌다. 실제 통제선(LAC)을 둘러싼 인도와의 긴장은 2020년 5월 중순에 중국과 인도 군대 사이에 진행 중인 교착 상태를 촉발했으며, 이는 겨울까지 지속했다. 실제 통제선(LAC)은 중국과 인도 국경 분쟁에서 인도가 통제하는 영토와 중국이 통제하는 영토를 구분하는 개념적 경계선이다. 2020년 6월 15일, 갈완 계곡에서 중국군과 인도군 사이에 교전이 발생해 양측 모두 사상자가 발생했다. 20명의 인도 군인이 사망한 후에는 대치 상황이 악화했다. 2021년 2월, 중국은 국영 매체를 통해 2020년 6월 소규모 접전에서 4명의 중국 병사도 사망했다고 주장했다. 양국은 2021년 봄에 철수하기로 합의했음에도 불구하고, 군단장 수준의 협상이 지연됨에 따라 실제 통제선(LAC)을 따라 병력을 유지하고 있다.

중국은 인도와 여러 가지 상반된 측면이 있다. 인도는 내부에 집중하고 국제 규범 및 현상 유지의 많은 부분을 지원한다. 그리고 다원주의적인 면이 있으며, 강력한 민주주의와 성장하는 경제력을 가진 신흥 강대국이다. 이에 반해 중국은 해양으로의 진출 의지와 국제 규범 및 현상 유지에 대한 반대하는 태도가 아시아의 지정학적 지형을 변화시켰다. 무엇보다도 중국의 이웃 국가들과 더 멀리 떨어져 있는 국가들의 일련의 반응을 촉발했다. 예를 들어 호주와 일본 모두 중국 군사력의 성장에 대응해 국방 예산을 늘리고 있다. 많은 다른 국가들은 중국에 대해 균형자로서 미국에 더 가깝게 이동하고 있다. 베트남의 공산 정권도 미국과의 관계 개선을 모색한다. 중국의 강압적 행동은 이러한 다른 국가들의 친미주의적 행동을 부추긴다. 중국은 2016년 싱가포르 샹그릴라 대화에서 남중국해의 중국의 확장에 대해 규탄 성명을 발표한 말레이시아에 철회하도록 하는 등 소규모 지역 국가들에 강압적 태도를 보인다. 마찬가지로 중국은 정치적 영향력을 이용해 각국이 대만에 대해 국가로서의 인정을 철회하고, 남중국해에서 중국의 영유권 주장을 지지하도록 했다.

이러한 중국의 태도에 대해 주변 국가들은 몇 가지 행동 변화 패턴을 보인다. 먼저, 지리적 관점에서의 변화다. 위기나 전쟁 시 서태평양에 대한 중국의 접근을 제한하기 위해 아시아의 전략적 지리, 특히 일본, 대만, 필리핀이 형성한 장벽이 형성되고 있다. 이 장벽을 따라 각종 센서와 우발 상황에 대비한 네트워크를 구축함으로써 중국의 해양 진출로를 차단하는 것이다. 관련된 기술에는 수중 센서, 공중 센서, 육상 및 해상 기반 타격 시스템이 포함된다. 이러한 지리적 접근 방식은 태평양에 대한 중국의 접근을 제한하는 장벽과 미국 및 동맹국의 센서 계획이 결합해 중국의 공중, 해상, 해저 활동에 대한 상황 인식을 개선할 수 있다. 예를 들어 일본은 정찰 위성을 배치하고 공중 및 수상 수색 레이더 네트워크를 확장해 지상 기반 대함 순항미사일(ASCM) 전력을 현대화하고 있다. 여기에는 미국과 동맹국 간의 무기체계 간 상호운용성이 강화되어야 하는 문제점이 있다. 미국은 이미 동맹국과 정보를 공유하고 있으며, 이러한 협력을 강화해야 할 유인이 충분하다. 미국은 동맹국과 정보 공유 협정을 보완하기 위해 서태평양에 개방형 아키텍처 정보, 감시 및 정찰 네트워크를 구축하려고 한다. 서태평양에서의 광범위한 정보 공유에 대한 지원은 향후 증가할 것이다. 상업용 이미지와 이를 생성하는 센서 모두의 품질이 향상되고 비용이 감소한다는 점을 감안할 때 이러한 접근 방식에 점점 더 많은 동맹국이 참여할 가능성이 크다.

다음으로 기술적인 측면에서의 변화다. 미국과 동맹국은 중국의 정밀 타격에 대해 다양한 대응책을 마련하고 있다. 구체적으로 핵심시설의 강화 및 분산, 정밀 항법 및 타이밍 대응, 정밀무기 파괴를 위한 지향성 에너지 무기 개발 등이 있다. 여기에 더해 해저 공격 능력을 크게 향상해 해저 영역에서의 우위를 활용하려고 한다. 수중 시스템에 내재된 취약성을 완화하기 위해 자율 시스템 개발이 필수적일 것이다. 미국은 이러한 기술 개발을 추구하고 있지만, 제한된 예산과 기술적 타당성으로 인해 노력이 제한된다. 일본이나 호주는 이러한 방향에 적극적으로 동참하고 있는 것으로 보인다. 중국의 수중 영역은 앞서 살펴본 바와 같이 취약한 상태이며 한동안 이러한 상태가 유지될 것이다.

미국을 둘러싼 주변국들은 중국이 전략적 기술에 접근하는 것을 거부하기 위한 노력을 배가함으로써 기술 우위를 보호하려 한다. 중국은 미국과 러시아로부터 기술과 기본 지적 재산권을 다양한 방법으로 취득해 '후발주자 우위' 전략을 추구하는 데 능숙하다는 것이 입증됐다. 획득 방법에는 구매나 절취 등 다양한 수단이 동원된다. 중국이 타국의 군사 기술 및 지적 재산에 쉽게 접근할 수 없도록 하려는 노력은 최소한 중국이 이를 획득하기 위해 소비해야 하는 시간과 노력의 측면에서 비용을 증가시킬 것이다. 다른 경우에는 중국이 원기술보다 성능이 떨어지는 대체품을 찾도록 할 수도 있다. 현재 전 세계 기술 이전 시장에서는 통제를 효과적으로 하기 위해 첨단 기술에 대한 정보를 최신화하고 있다. 미국은 미래 전장에서 우위를 점할 수 있는 기술을 우선 통제하려고 한다. 여기에는 우주 및 사이버, 무인 시스템, 고속 추진, 첨단 항공, 자율 시스템, 전자기 레일 건(EMRG), 에너지 지향 시스템 기술 등이 포함된다.

대만과의 갈등

시 주석은 2019년 신년사에서 대만 문제를 해결하고 통일을 완성하는 것은 역사적 과제이며, 멈출 수 없다고 강조했다. 시 주석은 '일국양제(一國兩制)'와 평화통일이 중국의 조국 통일을 위한 최선의 길이라고 말했다. 2019년 연설에 따르면, 일국양제는 대만의 사회제도, 생활양식, 사유재산, 종교적 신념 및 합법적 권리와 이익의 보호를 수반한다. 2019년 샹그릴라 대화에서 웨이펑허 국방부 장관의 연설에서도 이러한 감정이 반영됐다. 2019년 국방백서에서는 다양한 도전 과제를 언급하면서 대만의 지위가 중국의 주요 국가 안보 문제 중 하나로 남아 있음을 재확인했다. 2020년, 중국 고위 지도자들과 정부 대변인은 '1992년 합의'에 대한 중국의 해석을 고수하고 대만 독립을 반대하는 것을 기반으로 양안 논의를 계속할 것을 요구했다. 이는 시진핑의 2019년 연설의 내용을 반복한 것이다. 대만의 차이잉원 총통이 2020년 대만 총통 선거를 준비하면서 중국의 군사 훈련과 홍콩의 정치적 불안과 연결해 중국과의 통일이 대만의 이익이 아니라고 강조했다. 시진핑의 대만에 대한 연설에 대해 대만의 민주진보당과 국민당은 일국양제는 더는 실행 가능한 선택이 아니라고 말했다.

중국은 대만과의 평화적 통일을 공개적으로 옹호하지만, 군사력 사용을 포기한 적이 없다. 중국이 역사적으로 무력 사용을 고려할 것이라고 명시한 상황은 여전히 모호하며, 시간이 지남에 따라 발전해왔다. 2005년 3월에 제정된 중국의 반분열법 제8조는 중국이 무력 수단을 다음과 같은 세 가지 경우에 사용할 수 있다고 명시하고 있다. '분열세력이 대만의 중국 분리를 야기'한 경우, '대만 분리를 수반하는 중대한 사건이 발생'한 경우, '평화통일 가능성이 소진'된 경우다. 2015년 중국의 군 구조 개혁의 가장 중요한 목표 중 하나는 대만의 비상사태에 연루될 수 있는 작전을 포함해 복잡한 합동 작전을 수행할 수 있는 군대를 건설하는 것이었다. 군 개혁은 지휘권을 명확히 하고, 합동 통합을 개선하며, 평화에서 전쟁으로의 전환을 촉진하는 것을 추구한다. 현재 중국은 대만과의 통일이 장기적으로 협상될 수 있고, 분쟁의 비용이 이익보다 크다고 생각하는 한 군사력 사용을 연기할 용의가 있는 것으로 보인다. 중국은 미국과 대만의 관계를 단절하고, 대만 독립을 저지하기 위해 차이 총통 행정부에 압박을 계속해왔다. 중국은 대만 근처에서 지속해서 군사 작전을 수행하고, 군사 전략과 능력을 개발 및 완성해야 한다고 판단하는 것으로 보인다.

중국 육군은 대만 독립을 방지하고 침략을 실행하기 위한 준비태세를 계속 강화하고 있다. 최근 몇 년간 상당한 조직 개편과 해상 상륙 훈련을 통해 대만 작전 지원이 육군의 최우선 과제임을 알 수 있었다. 그리고 육군과 해병대에 ZBD-05 상륙 보병 전투 차량과 PLZ-07B 상륙 자주포와 같은 특별히 설계된 새로운 장비를 전력화했다. 대만 침공 시나리오에 대한 육군의 주요 임무에는 광범위한 상륙 작전, 육군 항공 지원, 공중강습 작전 등이 포함될 수 있다. 육군은 동부전구사령부에 4개, 남부전역사령부에 2개를 합쳐서 총 6개의 상륙 협동 여단을 배치하고 있다. 이들은 매년 대응군과 함께 상륙 작전 훈련을 계속 시행한다. 훈련에는 해상 횡단을 위한 육군 항공, 특수 부대, 전자전, 기갑 및 기계화 보병을 통합하는 작전이 포함된다. 언론 보도는 또한 상륙 작전을 지원하기 위해 해상, 공중 및 지상 무인 항공 시스템을 광범위하게 사용한다고 주장한다. 이 작전에서 육군 항공 및 공중 강습 여단도 맡은 역할을 수행할 것이다. 최근에는 공수부대를 재편성하고, 대만의 반격을 저지할 공중 강습 부대를 창설함으로써 공수부대를 투입하는 능력을 개선하기 위해 노력했다.

해군은 새로운 공격 잠수함, 대공 능력을 갖춘 현대식 수상 전투함, 4세대 해군항공기가 전력화됐다. 이는 제1도련선 내에서 해상 우위 달성과 대만 분쟁에 대한 잠재적인 제삼자의 개입을 억제하고 대응하도록 설계됐다. 그리고 대만 해군을 타격할 수 있는 새로운 다중 임무 플랫폼을 도입하고 있다. 중국은 첨단 함정을 비교적 빠르게 생산할 수 있는 중국 조선산업의 방대한 능력에 확신이 있는 것으로 보인다.

공군은 다양한 능력을 제공하는 전력 태세를 유지한다. 재급유 없이 대만에 대해 작전을 수행할 수 있는 첨단 항공기를 다수 확보했다. 이들은 공중 및 지상 공격 작전을 수행할 수 있는 상당한 능력을 제공한다. 다수의 장거리 방공 시스템은 중국 본토의 주요 군사 시설이나 인구 밀집 지역에 대한 공격에 대한 강력한 미사일 계층 방어를 제공한다. 여기에 더해 중국의 지원 항공기 개발은 공군에 개선된 감시 및 정찰 능력을 제공한다.

로켓군은 대만의 고가치 목표물에 대한 미사일 공격을 수행할 준비가 되어 있다. 주요 목표에는 지휘 통제 시설, 공군 기지, 레이더 기지 등이 포함된다. 이러한 공격은 대만의 방어력을 약화하고 대만의 지도력을 무력화할 뿐만 아니라 대중의 전투 의지를 깨뜨리기 위함이다. 로켓군 핵 부대는 억지 작전을 수행할 태세를 갖추고 있다. 필요할 경우 신속한 핵 반격 상황에 대비해 준비태세를 강화하고 있다.

대만 침공을 위한 군 구조에 중요한 추가 사항은 2016년에 전략지원군과 합동군수지원군을 모두 창설한 것이라 볼 수 있다. 전략지원군의 창설은 대만 우발 상황에서 정보 작전, 특히 사이버, 전자전, 대우주전을 실행하고 조정하는 능력을 향상할 수 있다. 그중 311기지는 여론에 영향을 미치고 중국의 이익을 증진하기 위해 대만에 선전을 퍼뜨리는 것과 같은 정치적, 심리적 전쟁을 담당하게 된다. 전략지원군은 지휘부에 전략적 정보 지원을 제공한다. 이는 우주 기반 정찰 등 전략적 정보 및 통신 지원 역할을 수행하고, 기술 정보 수집 및 관리를 중앙 집중화를 통해 이루어진다. 정보는 주로 중앙군사위원회와 동부전구사령부에 제공될 것이며, 대만의 비상사태에 대한 상황 인식을 향상할 것이다. 합동군수지원군은 합동군수와 자원을 조정하고, 전쟁이 지속할 수 있도록 다양한 민과 군의 통합적 지원 시스템을 감독한다. 아마도 중국은 대만과의 비상사태 시 상륙 작전에 대한 군수지원이 작전의 핵심 구성 요소로 판단한 것으로 보인다. 군 구조 개혁은 이러한 전략적 기능을 전구 수준에서 통합하는 데 가장 큰 장벽을 제거했다고 평가할 수 있다.

중국은 대만에 대해 군사력을 사용할 의사를 계속해서 표명하고 있다. 중국은 대만에 대한 군사 작전에 대한 다양한 옵션을 가지고 있다. 여기에는 공중과 해상 봉쇄에서부터 대만 또는 대만 근해 섬의 일부 또는 전체 탈취 및 점령하기 위한 전면적인 상륙 작전까지 다양하게 구상해볼 수 있다. 중국은 다음에 나열하는 군사 옵션을 개별적으로 또는 둘 이상을 조합해 사용할 수 있을 것으로 보인다. 첫째, 항공과 해상을 봉쇄해 고립시키는 것이다. 중국의 문서에는 대만의 항복을 강요하기 위해 대만의 중요한 무역로 차단을 포함해 해상 및 항공 교통을 무력으로 봉쇄하는 작전을 설명하고 있다. 여기에 대규모 미사일 공격과 대만의 근해 섬에 대한 강제 점령은 신속한 대만 항복을 달성하기 위한 시도로 더해질 수 있다. 여기에 추가로 전자전, 네트워크 공격, 정보 작전 등으로 항공 및 해상 봉쇄 작전을 보완해 대만을 더욱 고립시키고, 분쟁에 대한 국제적 확산을 통제하려 할 것이다. 둘째, 제한된 공격 방식이다. 이 방식은 경제 및 정치 활동과 함께 사회 핵심 부분에 다양한 방식으로 파괴적, 징벌적 또는 치명적인 군사 행동을 사용하는 것을 의미한다. 여기에서 다양한 정보 작전의 지원을 받아 대만 정부의 정당성을 약화해 공포를 유발할 수 있다. 지도자에 대한 대만 국민의 신뢰를 저하하기 위해 대만의 정치, 군사 및 경제 기반 시설에 대한 컴퓨터 네트워크 또는 제한된 군사 공격이 포함될 수 있다. 마찬가지로 전략지원군은 대만에 침투해 기반 시설 또는 지도력에 타격을 줄 수 있는 목표물에 대한 공격을 수행할 수 있다. 셋째, 항공기와 미사일을 활용하는 방법이다. 주요 목표는 공군 기지, 레이더 기지, 미사일, 우주 자산 및 통신 시설을 포함한 방공 시스템이 될 것이다. 중국은 대만의 방어망을 약화하고, 대만의 지도력을 무력화하거나 대만 인민의 결의를 저하할 수 있다. 마지막으로 대만을 침공하는 것이다. 공개적으로 이용 가능한 중국 문서는 대만 상륙 작전에 대한 다양한 작전 개념을 설명한다. 기본적으로 상륙 작전은 공군, 해군 지원과 전자전 등을 통합한 복잡한 합동 작전이다. 목표는 해안 방어선을 돌파해 교두보를 구축 및 건설하고, 인력과 물자를 대만 서부 해안선의 북쪽이나 남쪽에 있는 지정된 상륙 지점으로 수송하는 것이다. 그다음 단계로 주요 목표물 또는 섬 전체를 탈취 및 점령하기 위한 공격을 시작한다. 매년 중국군은 대만 근처에서 합동 상륙 작전 훈련을 시행한다. 그리고 최근 075형 대형 상륙 강습함이 2019년 이후 계속 진수되고 있다는 것도 이러한 가능성을 말해준다.

대만을 침공하는 것은 복잡하고 어려운 군사 작전 중 하나다. 항공 및 해상 우위, 육지에서의 신속하고 중단 없는 군수지원이 필요하다. 대만을 침공하려는 시도는 중국 군대에 부담을 주고 국제적 개입을 불러일으킬 가능성이 있다. 이러한 우려는 군의 전투력 소모, 도심 전쟁, 민간인의 참전 등 복잡성과 결합해 성공적인 상륙 및 돌파를 가정하더라도 시 주석과 당에 중대한 정치적, 군사적 위기로 만들 우려가 있다. 가장 최근의 예가 러시아의 우크라이나 침공이라고 할 수 있다.

대만도 이러한 중국의 움직임에 대해 대응책을 마련하고 있다. 그러나 수십 년간의 중국의 군사 현대화 노력은 양국 간 전력 격차를 계속 확대하고 있다. 대만은 이 격차를 메우기 위해 예비 비축량 확대, 방위산업 기반 확대, 합동 작전 및 위기 대응 능력 향상 등을 위해 노력하고 있다. 그런데도 이러한 개선 노력은 대만의 방어 능력을 완전히 개선하지는 못했다. 2021년 4월, 대만의 국방 검토 보고서는 다층적 심층 방어에서 연안과 해안지역을 방어하기 위한 군의 최근 조정을 재확인했다. 수정된 전략은 중국의 강력한 합동 능력을 강조했고, 대만 공군과 해군에 대한 의존도를 높여 다중 영역 억제 조치를 제안하고 있다.

대만은 방위력 개선과 다양한 개혁을 지원하기 위해 계속해서 국방 예산을 늘리고 있다. 2020년 8월, 차이 총통 정부는 국방예산을 10% 추가로 증액해 전체 국방비를 국내총생산(GDP)의 2% 이상으로 늘렸다. 이 수치는 1990년대 이후 최고치다. 대만은 중국과의 방위비 지출 격차가 커지고 있음을 인식하고, 비대칭 전쟁을 위한 새로운 개념과 능력을 개발하기 위해 노력하고 있다고 밝혔다. 특별히 강조하는 영역은 전자전, 사이버전을 포함한 정보 작전, 연안 방어 미사일 체계, 해상 기뢰, 무인 항공 시스템 등이 포함된다. 대만의 군 현대화 프로그램은 현역 병력을 전면 지원군으로의 전환하고, 약 175,000명으로 유지하는 것을 계획으로 가지고 있다. 이 전환은 자원자 모집의 심각한 어려움으로 인해 느려지고 있다. 2020년 말 기준, 국방부는 현역병 약 16만 9,000명 중 90%를 자원자로 채우겠다는 목표를 달성했다.

[자료 3-4] 대만의 국방비 증가 추이

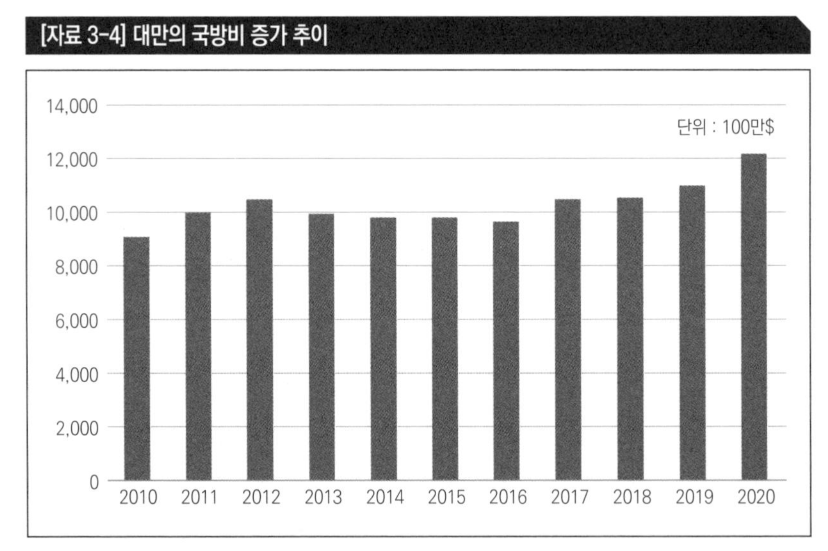

SOURCE : SIPRI Military Expenditure Database

미국은 국내법인 '대만관계법'에 따라 대만 해협의 평화, 안보 및 안정에 기여한다. 이 법의 골자는 대만이 충분한 자위 능력을 유지할 수 있도록 국방 물품과 서비스를 제공하는 것이다. 2010년 이후 미국은 대만에 230억 달러 이상의 무기 판매를 발표했다. 2019년 10월, 대만은 F-16V 전투기를 80억 달러에 구매한다고 발표했다. 2020년에는 총 50억 달러 이상이 승인이 났고, 대만에 대한 무기 판매 빈도가 증가했다. 승인된 무기 판매에는 첨단 무인 항공 시스템, 장거리 미사일, 포병 시스템, 하푼(Harpoon) 해안 방어체계 등이 포함된다.

[자료 3-5] 대만의 미국 무기 수입 가치 추이

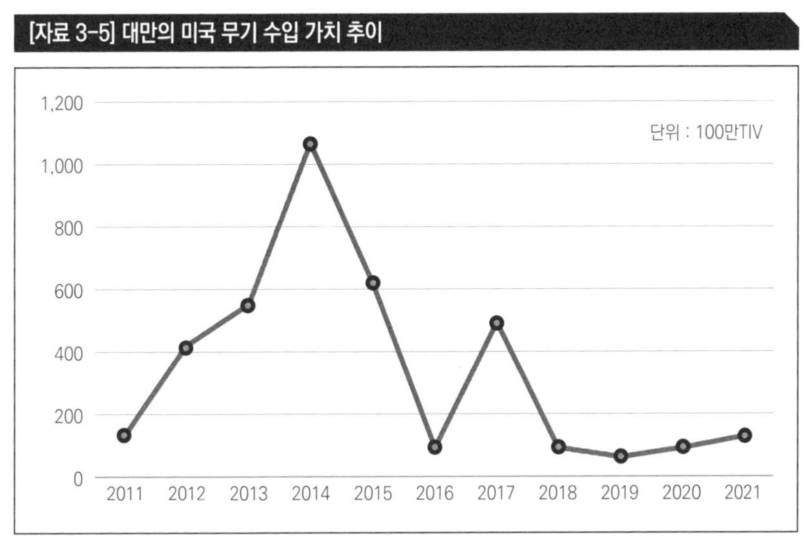

SOURCE : SIPRI Arms Transfers Database

PART
04

전력 현대화

01

군사비 동향

2020년 기준, 중국 국방 예산은 20년 이상 국방비 증가를 이어가며 미국 다음으로 세계 2위의 군사비 지출국의 위상을 유지하고 있다. 지난 10년과 비교해본다면 거의 2배 이상 증가했다. 중국은 경제 데이터와 성장 전망을 기반으로, 향후 5년에서 10년 정도는 국방 지출의 지속적인 성장을 지원할 수 있다. 중국의 공표된 국방예산에는 연구 개발과 국외 무기 조달을 포함한 몇 가지 주요 지출 범주가 누락되어 있다. 공공 연구 기관들에 따르면, 2021년에는 중국의 실제 군사 관련 지출이 명시된 공식 예산보다 1.1~2배 더 높을 수 있다고 한다. 실제 군사비는 중국의 투명성 부족으로 인해 산정하기 어렵다.

공식 국방 예산은 다양한 출처의 자금과 자원에 접근할 수 있는 방위 산업을 위한 하나의 자금 흐름만을 나타낸다. 예를 들어 국방 관련 연구 개발에 대한 자금은 주로 중앙 정부 예산의 다른 영역에서 비롯된다. 특히 국방과학 기술공업국(国家国防科技工业局)에 할당된 예산은 공식 국방 예산에 포함되지 않는다. 또한, 방위 산업 매출과 이익의 절반 정도가 민간 영역에서 나온다. 지상 및 핵 부문과 같은 일부에서는

80~90%까지 높을 수 있다. 추가로 2013년부터 방산 산업은 주식 자금, 은행 대출, 채권 등 대규모 재원 풀에 접근할 수 있는 자본 시장에서 투자 자금을 모색할 수 있도록 허용됐다. 이러한 다양한 출처를 통해 방위 산업은 공식 국방 예산 증가 속도보다 많은 자금이 투입되고 있다고 할 수 있다.

[자료 4-1] 중국의 국방비 증가 추이(2019년 고정가치 기준)

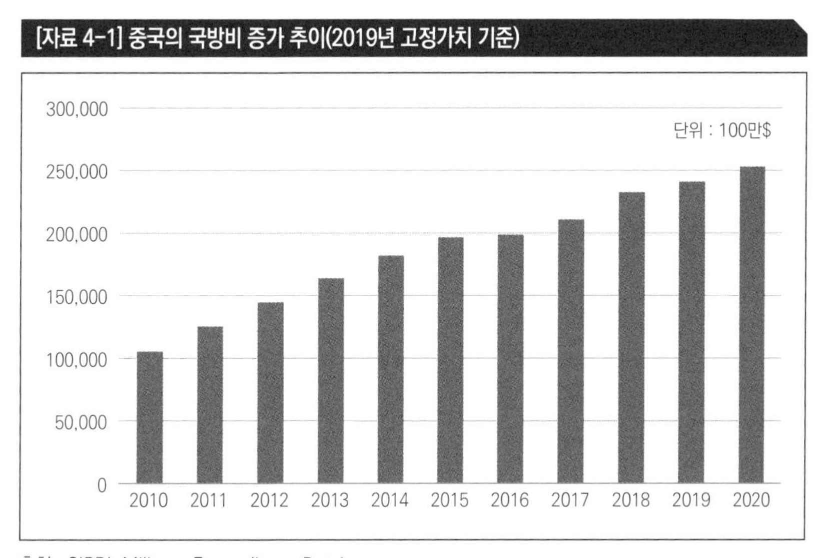

출처 : SIPRI Military Expenditure Database

국내총생산(GDP) 기준으로 중국의 국방 예산은 2020년에 1.7% 수준으로 미국(3.7%), 러시아(4.3%), 한국(2.8%)에 비해 낮은 경향이 있다. 중국의 국방예산 총액 측면에서도 미국보다 훨씬 낮은 수준이지만, 중국은 '후발주자 우위' 혜택을 누렸다. 다시 말해서 중국은 미국만큼 값비싼 신기술 연구 개발에 투자할 필요가 없었다. 오히려 직접 구매, 개조 또는 지적 재산권 절도를 통해 외국 군대에서 볼 수 있는 가장 우수하고 효과적인 플랫폼을 채택하고 모방했다. 이를 통해 중국은 다른 국가보다 적은 투자로 군사 현대화를 가속하는 데 집중할 수 있었다.

앞으로 중국은 당면한 위협과 도전, 경제 발전에 따라 국방 예산을 상향 조정할 것이다. 중국의 공식 국방 예산이 매년 평균 7%씩 증가해 2023년까지 2,700억 달러까지 증가하면, 군 병력 30만 명 감소를 고려해 훈련, 작전 및 군 현대화에 더 많은 자원을 할애할 수 있다. 특히 항공 우주, 사이버, 무인 체계, 심해전 등과 같은 미래 국방 기술 개발에 자원을 투자함으로써 경제력과 전략적 요구 사항에 따라 미국과의 격차를 좁힐 것이다. 경제 예측가들은 중국의 경제 성장이 향후 10년 동안 둔화해 미래의 국방 지출 성장이 둔화할 수 있다고 예상하기도 한다. 그러나 이는 중국이 현재의 국방비 투입 비율을 유지하고 있다고 가정하기 때문에 언제나 수정의 가능성을 고려해야 한다.

02

방위 산업

최근 몇 년 동안 중국 지도부는 통합된 국방 및 민간 혁신 관리와 관련된 기존 규정과 조직 프레임워크를 개량하기 위해 상당한 노력을 기울였다. 중국의 장기 목표는 현대적인 능력에 대한 요구를 충족할 수 있는 강력한 민간 산업 부문과 융합된 완전히 자립적인 방위 산업 부문을 만드는 것이다. 그러나 중국은 단기적인 능력 격차를 메우고 현대화를 가속하기 위해 여전히 외국 장비, 기술 및 지식을 수입하려고 한다. 주로 외국인 투자, 상업적 합작 투자, 인수합병, 학술 교류, 중국 학생과 연구원이 외국에서 공부함으로써 얻는 해외 경험, 국가가 후원하는 산업 및 기술 스파이 활동, 수출 통제 조작 등을 활용한다. 수출 통제 조작은 군사 연구, 개발 및 획득을 지원하는 데 사용할 수 있는 기술 및 전문 지식의 수준을 높이기 위해 민군 이중 용도 기술을 불법으로 전용하기 위한 것이다.

중국의 방위 산업은 중앙군사위원회 장비발전부가 관할하는 군사 부문과 국무원의 공업정보화부가 관할하는 민간 부문으로 구성되어 있다. 모두 중국 공산당 중앙위원회의 감독하에 있다. 중앙군사위원회가 관할하는 장비발전부는 중국의 육군, 해군, 공군, 로켓군, 전략 지원군, 무장 경찰 및 해안 경비대의 군비 조직과 함께 무기체계 계획, 연구, 개발 및 획득을 감독한다. 국무원 공업정보화부는 국방과학 기술공업국을 관할하고 있으며, 이는 중국의 국유 방산 기업을 감독하는 핵심 기관이다. 국방과학 기술공업국 산하 10개의 국유 방산 기업은 6개 부문의 과학, 엔지니어링 및 기술 부문에서 연구 개발과 무기 생산을 수행한다. 6개의 부문은 항공우주 및 미사일, 함정, 항공, 지상 무기체계, 전자, 원자력으로 구분된다.

중국은 두 개의 주요 국영 항공기 회사인 중국항공공업집단공사(中國航空工業集團公司)와 중국상용항공기공사(中国商用飞机有限责任公司)를 통해 국내 항공 산업을 발전시키고 있다. 중국의 항공 산업은 대형 수송기, 스텔스 기술을 통합한 현대식 4~5세대 전투기, 현대식 정찰 및 공격용 무인 항공기(UAV), 공격용 헬리콥터를 생산하는 방향으로 발전했다. 중국항공공업집단공사는 J-20 5세대 전투기, Y-20 대형 수송기, 미래의 H-20 스텔스 폭격기를 포함한 중국의 군용 항공기를 설계하고 생산한다. 중국상용항공기공사는 대형 여객기를 생산하고 있으며, 상업용 여객기 시장에서 경쟁하는 것을 목표로 한다. 중국 상용 항공기 공사는 ARJ21 제트기를 생산하고 있고, C919 여객기의 비행 시험을 하고 있다. 러시아와 협력해 CR929 광동체 여객기도 개발하고 있다. 중국은 두 번째로 큰 무인 항공기(UAV) 수출국일 정도로 항공기의 기술 발전 속도가 빠르지만, 문제는 안정적인 고성능 항공기 엔진을 생산할 수 없다. 코맥(Comac) C919 여객기에 동력을 공급하는 CFM 회사의 Leap 1C 서방 엔진, 그리고 군용기인 Y-20, H-6K 및 H6-N은 러시아 D-30 러시아 엔진에 의존하고 있다. CFM은 프랑스의 사프란(Safran)과 미국 GE사의 합작 회사다. 중국은 C919, CR929, Y-20에 각각 동력을 공급하기 위해 CJ-1000, AEF3500, WS-20와 같은 하이바이패스 터보팬 엔진을 개발하고 있다. 이 터보팬 엔진은 장거리 비행에서 프로펠러 항공 엔진 대비 더 빠른 속도와 더 높은 연소효율을 제공한다.

[자료 4-2] 코맥 C919와 Leap 1C 엔진

출처 : AeroTime Hub, Aerospace Manufacturing and Design

역사적으로 군에서 관리해온 중국의 우주 산업은 감시, 정찰, 항법 및 통신을 위한 군집 위성으로 빠르게 확장하고 있다. 2020년에 중국은 전 세계 세 번째 달 탐사를 성공시켰고, 글로벌 항법 위성 서비스망 구축을 완료했다. 이로써 업계의 지속적인 발전이 이루어지고 있음을 증명했다. 본래 중국 내 우주 시장은 국영 기업이 장악하고 있었다. 그러나 증가한 투자로 인해 민간 우주 회사가 생겨났고, 지난 2년 동안 성공적인 우주 발사에 성공했다. 2020년 5월 12일, 주취안(酒泉) 위성 발사센터에서 콰이저우(快舟) 1호 갑 운반로켓으로 싱윈(行雲) 2호 01, 02번 위성을 발사했다. 2개의 위성은 중국항천과공그룹(中國航天科工集團) 우주 기반 사물인터넷 군집 위성의 첫 발사였다. 결과는 성공적이었고, 이는 중국항천과공그룹의 '싱윈 프로젝트' 첫 단계 구축 임무가 성공적으로 완료됐음을 의미했다. 해당 위성은 궤도 진입 후 극지 환경 모니터링, 지질 재해 모니터링, 기상 데이터 예보, 해양 환경 모니터링, 해상 운수 통신 등 다양한 업종에 궤도상 기술 검증 및 응용 시험을 수행할 예정이다. 향후에는 우주 기반 사물인터넷 네트워킹을 위해 기반을 마련할 전망이다.

탄도 및 순항미사일을 포함한 대부분의 중국 미사일은 다른 일류 생산업체와 품질 면에서 비슷하다. 이는 정부가 기술 자립을 촉진하는 데 앞장서온 성과다. 중국은 중국군 및 수출용으로 탄도, 순항, 공대공, 지대공 등 다양한 미사일을 생산한다. 2019년 10월, 건국 70주년 기념 퍼레이드에서 새로운 초음속 순항미사일과 극초음속 미사일을 공개적으로 선보이기도 했다. 최근 중국은 극초음속 활공체를 탄두에 탑재한 최초의 미사일을 배치했다. 2018년에 주하이 에어쇼에서 선보인 PL-15 공대공미사일(AAM)에 추가로 램제트 엔진이 구동될 수 있도록 중국은 개량형을 개발하고 있다. 극초음속 순항미사일에 적용할 수 있는 스크램제트 엔진 개발도 진행 중이다.

톤수 기준으로 세계 1위의 선박 생산국인 중국은 잠수함, 수상 전투함, 상륙함 등을 포함한 모든 부문에서 해군의 건조 능력을 높이고 있다. 중국은 국내에서 모든 해군 요구 사항을 거의 자급자족할 수 있다. 여기에는 모든 선상 무기, 전자 시스템, 가스터빈 및 디젤 엔진이 포함된다. 조선산업의 성과에서 중요한 새로운 추세가 분명해지고 있다. 2000년대 중반까지만 해도 중국 조선소는 산업 발전을 위해 주로 러시아인 기술 이전에 크게 의존했다. 그러나 미국 해군 정보국은 2010년대 초부터 중국 해군 함정이 "중국식 디자인을 사용하고, 중국 무기와 센서가 장착된 플랫폼으로 이동했다"라고 말했다. 이러한 새로운 시스템 중 일부는 가장 현대화된 서양 함정과 여러 면에서 비교할 수 있다고 했다. 그런데도 일부 부품 및 하위 시스템은 해외 수입으로 사용되고 라이센스 생산방식이 적용된 부분들도 있다.

중국의 지상 무기체계 생산 능력은 주력전차, 장갑차, 대공포 시스템, 포병 체계, 경전차 등을 포함해 지상 무기체계의 거의 모든 범주에서 향상되고 있다. 그러나 일부 수출 장비의 품질 결함이 지속해 수출 시장 확대 능력이 저해되고 있다. 흥미로운 점은 2018년 11월 무인 59식 전차 시험을 시작했다. 이는 우리나라에서 현재 개발 중인 '무인수색차량'과 동일한 원격 조정 방식으로 보인다.

[자료 4-3] PL-15 공대공미사일(AAM)과 원격 조정 59식 전차

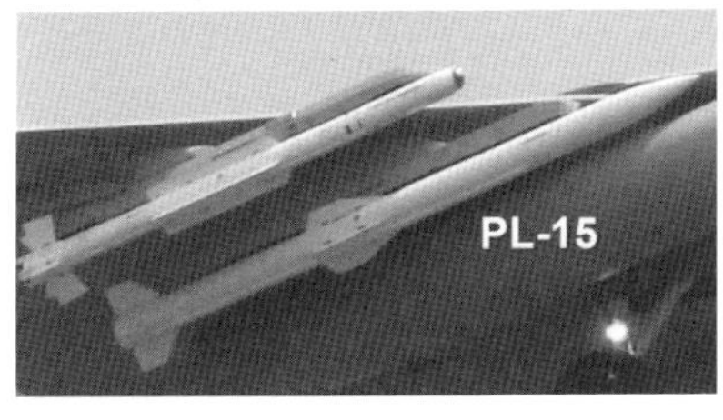

SOURCE : Defense Blog, China CCTV

중국은 다음의 [자료 4-4]에서 보는 바와 같이 세계 5위의 무기 공급국이다. 그래프에서 TIV(Trend Indicator Value)는 추세 지표 값으로 스톡홀름 국제평화문제 연구소(SIPRI) 자체 단위다. 이 연구소는 이 단위로 전 세계 무기 수출·입 가치를 통일시키고 있다. 중국의 무기 판매는 주로 중국항공공업 집단공사와 중국병기공업그룹과 같은 국영 수출 조직을 통해 이루어진다. 중국의 무기 수출은 일대일로 구상의 목적으로 수행된 외교 정책을 보완하기 위해 다른 유형의 지원과 함께 사용되기도 한다. 많은 개발도상국은 중국 무기체계가 다른 유사한 무기체계보다 저렴하므로 이를 구입한다. 일부 국가에서는 중국에서 만든 무기가 품질과 신뢰성이 낮아서 매력이 떨어진다고 생각한다. 그러나 중국 정부가 유연한 지불 옵션을 제시하기 때문에 매력적인 측면이 있고 고급 기능이 있는 경우도 많다. 중국 무기는 미국보다 정치적 제약조건이 약하기 때문에 다른 무기체계에 접근할 수 없는 국가에 매력적이다.

[자료 4-4] 세계 무기 수출 상위 10개국 2021년 무기 수출 가치

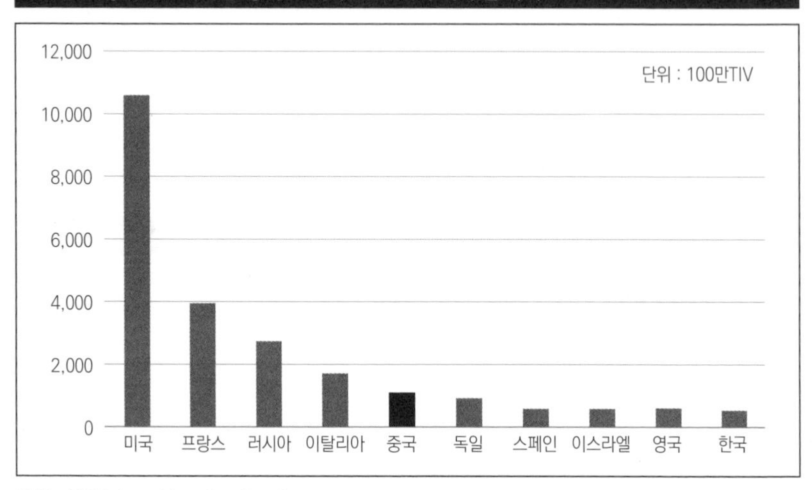

출처 : SIPRI Arms Transfers Database

전투기, 잠수함, 전차, 공대공미사일(AAM), 무인 항공기(UAV), HQ-16A 지대공미사일(SAM) 등과 같은 주요 무기체계는 사우디아라비아, UAE, 파키스탄과 같은 국가에 판매된다. 일반적으로 중국은 이러한 유형의 무기를 구매하는 국가를 공개하지 않는다. 지금까지 알려진 사실을 정리하자면 다음과 같다. 지난 2년 동안 중국은 유럽 국가인 세르비아에 지대공미사일(SAM) 시스템을 처음으로 판매했다. 2019년 9월, 중국은 태국에 상륙수송선(LPD)을 처음으로 판매하는 데 동의했다. 2016년에 밍(Ming)급 잠수함 2척을 방글라데시에 인도했지만, 2020년 12월 기준으로 유안(Yuan)급 잠수함은 인도되지 않았다. 태국은 2017년에 유안급 잠수함 1척을 구입했으며, 2척 추가 구입에 관심이 있다고 알려져 있다. 2015년, 중국은 파키스탄이 30억 달러 이상에 유안급 잠수함 8척을 판매한 함정의 주요 수출국이었다. 이 계약에서 최초 4척은 중국에서 건조됐고, 나머지 4척은 파키스탄에서 건조됐다. 2017년 12월, 카타르 독립 기념일 행사에서 중국의 첨단 무기 시스템이 일반에 공개되면

서 중국이 카타르에 무기를 판매한 사실이 알려졌다. 카타르는 2018년 독립 기념일을 맞아 2022년 월드컵 개최지인 수도 도하에서 퍼레이드를 진행하면서 SY-400 미사일 운반 차량 두 대와 적재대 두 세트를 공개했다. 2017년 중국은 M20(54식) 무반동포, BP-12 소총, 합동 공격 로켓 및 미사일 시스템(JARM)을 포함한 수출용 개량형 탄도미사일 시스템과 장거리 위성 유도 로켓 시스템을 해외에 판매했다.

[자료 4-5] 중국의 연도별 무기 수출 추이

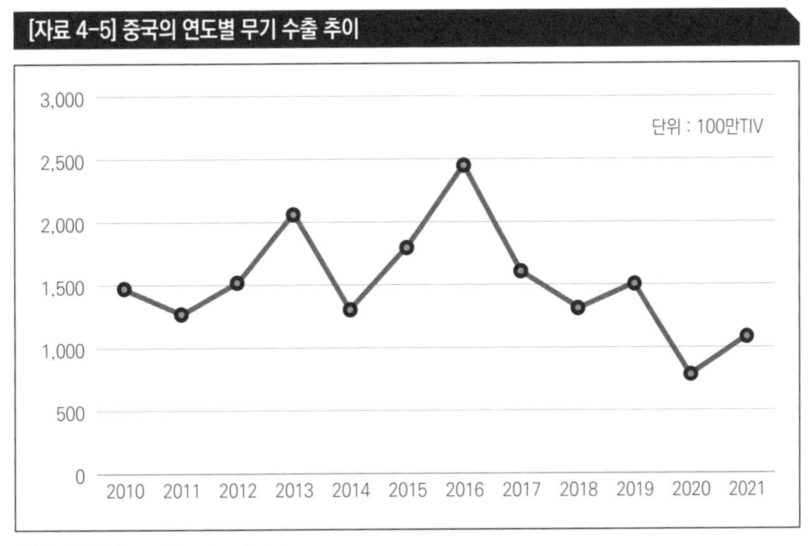

출처 : SIPRI Arms Transfers Database

중국은 무장 무인 항공기(UAV)의 틈새 공급국이며, 수출에 있어 거의 독점적으로 공급할 수 있는 위치에 있다. 그 이유는 무장 무인 항공기(UAV)를 생산하는 대부분 국가가 바세나르 협정의 서명국이기 때문이다. 바세나르 협정은 냉전 당시 미국이 주도한 대공산권 수출 통제 위원회에 바르샤바 조약국들이 참여한 수출 제한 협정이다. 그래서 많은 국가가 미사일 기술 통제 체제 또는 재래식 무기 및 민군 이중 용도 제품 및 기술에 대한 수출 통제에 동참하고 있다. 중국은 공격 가능한 차

이홍(彩虹) 또는 윙룽(翼龙) 무인 항공기(UAV) 제품군을 적어도 파키스탄, 이라크, 사우디아라비아, 이집트, UAE, 알제리, 세르비아 및 카자흐스탄에 공급했다. 윙룽 무인기는 미국의 5톤 MQ-9 리퍼와 유사하게 생겼는데, 무게는 1톤 MQ-1 프레데터와 같다. 리퍼가 대당 3,000만 달러(360억 원)인 데 반해 윙룽은 대당 100만 달러(12억 원)에 불과하다.

[자료 4-6] 중국의 윙룽-10과 미국의 MQ-9 리퍼 무인 항공기(UAV)

SOURCE : Defense World, FightGlobal

방위 산업의 개혁

중국의 방위 산업 개혁은 2016년에 시작됐다. 더욱 구조화된 연구 개발 및 생산 의사결정 장치를 개발해 개발 일정을 간소화하고 혁신을 촉진하며 민군 융합을 제도화하는 것을 목표로 했다. 세계 방위 산업에서 주요 경쟁자보다 무기체계가 1~2세대 뒤처지는 것을 보완하고, 연구 개발 및 생산을 개선하기 위해 계속 적응하고 재구조화하고 있다. 방위 산업 개혁의 핵심은 미래 군의 요구 사항을 충족하기 위해 최첨단 기술을 제공할 수 있는 혁신적인 방위 산업 기틀을 마련하는 것이다. 중국의 방산 산업은 지난 20년 동안 큰 변화를 겪었으며 그로 인해 그 기반이 변화했다. 오늘날 방위 산업은 중앙 계획 시대의 만성적 손실을 주었던 산업에서 내부의 전력 현대화와 세계적 군비 증강 분위기와 맞물리면서 수익성이 매우 높다. 이제는 세계 최고의 방위 산업 강국의 대열에 합류하기 위한 다음 단계에 착수하고 있다. 2010년대 중반 이후 중국 방위 산업은 역사상 기록적인 매출과 이익을 누리고 있다. 지상, 우주, 전자, 항공 부문이 가장 수익성이 높은 분야였고, 조선 산업은 글로벌 조선업의 심각한 침체로 어려움을 겪었다. 방위 산업의 탄탄한 확장은 중국 경제의 성장 둔화 속에서 밝은 지점이다. 높은 수준의 국방 예산 증가는 이러한 주장에 힘을 실어준다.

중국의 방산 조직의 구조 조정은 꾸준히 진행되어왔다. 주요 발전은 세계 조선 시장 침체의 영향을 받은 조선 부문의 통합이었다. 2019년 7월, 중국국영조선공사(中国船舶集团有限公司)와 중국조선공업유한공사(中国船舶重工股份有限公司)는 합병을 발표했다. 중국조선공업유한공사는 중국의 유일한 적자 방산 기업이었으며, 번창하는 해군의 획득 사업이 상업적 이익을 상쇄시킬 수 없음을 보여주었다. 조선 부문의 문제에도 불구하고, 중국의 방산 기업의 경영 상태는 전반적으로 건전한 편이다.

해군대학이 주최한 2015년 중국해양학연구소 회의에서 전문가들은 중국의 조선산업이 2030년까지 양적, 질적으로 미 해군과 대등한 함대를 건조하는 궤적에 있는 것으로 보인다고 말했다. 전문가들은 중국이 대공전, 대수상전, 감시정찰 분야에서 급속한 발전을 이루면서 군사 능력과 규모에 대한 미국의 추정치를 초과했다고 지적한다. 기술 수준에서는 중국의 설계 기술과 추진 엔진의 개선에 주목한다. 일부 전문가들은 역사적 관점에서 기술적으로 후발주자인 국가가 패권국의 해군에 비해 빠른 속도로 발전한 것을 감안할 때 이것이 예상된 일이라고 했다. 후발주자가 유리한 이유는 본질적으로 기술은 장기적으로 세계에서 가장 강력한 국가들의 국경을 넘어 다소 자유롭게 흐르는 특성이 있기 때문이다.

국가의 외부 안보 환경에 대한 도전과 글로벌 기술 질서의 급속한 발전에 대한 시 주석의 리더십 우려에 힘입어 국방 혁신 시스템이 다시 만들어지고 있다. 연구, 개발 및 획득에 대한 투자가 증가하고 있으며 외국 기술을 획득하고 흡수하기 위해 더 큰 노력을 기울이고 있다. 시 주석의 적극적이고 참여적인 리더십 아래에서 중국 국방 과학, 기술 및 혁신(DSTI) 시스템은 선진국에 대한 추격형 개발 플랫폼에서 독창적인 고급 혁신을 가능하게 하는 플랫폼으로 진화하고 있다. 현 정부에서 변경 사항이 발표되고 실행되는 속도는 이전 정부에서 보았던 것보다 훨씬 빠르다. 혁신 사다리의 낮은 단계에서 높은 단계로 전환하는 국방 과학, 기술 및 혁신(DSTI) 시스템의 성공은 중국의 노력에 매우 중요하다. 이는 중국이 미국과의 기술 및 역량 격차를 해소하고, 양국 간의 강화되는 군사 기술 경쟁에서 효과적으로 경쟁하려고 하기 때문이다. 국방 과학, 기술 및 혁신(DSTI) 시스템 내에서 일어나고 있는 변화는 다섯 가지로 요약할 수 있다. 단기, 중기 및 장기적 측면에서 시 주석의 리더십 지원, 진보된 연구를 목표로 하는 새로운 중장기 계획의 수립, 핵심 기술 역량 강화, 민군 융합, 그리고 국방 투자를 위한 자본 시장의 활용이 주요 내용이다.

첫 번째로 국방 혁신 시스템에 시 주석의 리더십 지원이 필수적으로 동반되고 있다. 이는 곧 중국 공산당, 국가 및 군사 지도부 엘리트들의 높고 지속적인 지원이 계속되고 있음을 의미한다. 이것이 중요한 이유는 확고한 관료적 분열, 자원 할당, 그리고 만성적인 프로젝트 관리 문제가 해결되기 때문이다. 시 주석의 리더십 참여가 없었다면 방위 산업의 많은 진전이 일어날 수 없었을 것이다. 리더십은 종종 소그룹과 특별위원회의 설립을 통해 관여된다. 특히 시 주석은 국방 과학, 기술 및 혁신(DSTI) 문제에 적극적인 관심이 있다. 2013년 3월, 국가 주석으로 취임 후 군과 국방 과학, 기술 및 혁신(DSTI)과 관련한 행사에 공개적으로 참석하고 있다. 이러한 행보는 후진타오 주석과는 비교가 된다. 2014년 12월, 베이징에서 열린 전군 회의에 참석한 시 주석은 기조연설을 했다. 군과 방위 산업의 지도자들이 참석한 가운데, 시 주석은 여기서 무기 개발에서 역사적 성과를 위해 속도를 올려줄 것을 촉구했다. 2016년, 중앙군사위원회 산하의 독립적인 고급 국방 연구 기관인 과학기술위원회를 설립했다. 과학 기술위원회는 군사 기술의 첨단 기술 혁신을 기획하고, 민군 과학 기술 자원을 모두 사용해 군사 기술 개발 속도를 높이려고 했다. 2017년 초, 중앙군사위원회 산하 '과학연구 운영위원회'를 구성했다. 이 조직은 첨단 기술에 대한 경험이 있는 과학자와 엔지니어로 구성됐다. 미국 국방고등연구계획국(DARPA)을 모델로 하는 이 기관은 군사적 응용을 통해 기술 혁신을 촉진하고자 한다. 이 위원회는 과학 기술위원회와 함께 초기 단계 연구 프로젝트에 대해 중앙군사위원회에 자문을 제공함으로써 군사 과학 기술 혁신을 주도하려고 한다.

두 번째로 국방 혁신을 위한 새로운 중장기 계획을 수립했다. 시 주석은 2013년 11월에 개최된 18기 3중전회에서 야심 찬 국가 경제 및 군사 개혁 프로그램의 목적으로 방위 산업의 대대적인 정비를 시행하겠다는 의사를 표명했다. 그 이후로 방산 산업의 의사결정자들은 혁신 추종자에서 '혁신 리더'로의 방위 산업 진화의 잠재적 전환점을 나타내는 새로운 중장기 방위 산업 개발 전략, 계획 및 제도적 준비를 해왔다. 개혁 계획은 2014년 3월, 중앙군사위원회가 국방과 군사 개혁을 주도하는 그룹을 구성하면서 본격적으로 시작됐다. 시 주석이 주도하는 이 그룹은 2015년 말과 2016년 초에 시작된 중국군의 역사상 가장 광범위한 구조 개혁을 실행하는 데 핵심적인 역할을 했다. 이러한 개혁은 군 지휘구조와 부대를 대상으로 했지만, 군비 관리 시스템에도 큰 영향을 미쳤다. 총장비부는 중앙군사위원회 장비발전부로 개편됐고, 군비 체계의 중앙 집중식 통합 관리를 담당하게 됐다.

동시에 국방 산업 관료는 방위 산업의 중대한 변화를 위한 새로운 전략과 계획을 수립했다. 핵심 계획 중 하나는 '제13차 국방 과학, 기술 및 혁신(DSTI) 5개년 계획(2016~2020)'이었다. 2016년 초에 발표된 이 계획은 2020년까지 상당한 진전을 이룰 여섯 가지 핵심 과제를 제시했다. 구체적으로 무기 및 군사 장비의 도약적 개발 촉진, 핵심 기술에서 혁신 역량 강화, 전반적인 품질 및 효율성 향상, 방위 산업 구조의 최적화 및 민군 융합, 방산 장비의 수출 가속화, 국가 경제 및 사회 건설 지원이 그 골자다. 여기서 강조한 기술은 터보팬 기술을 포함한 항공 우주 엔진 및 가스터빈, 양자 통신 및 컴퓨팅, 혁신적인 전자 및 소프트웨어, 자동화 및 로봇 공학, 특수 재료 및 응용 프로그램, 나노 기술, 신경 과학 및 인공지능, 우주 탐사 및 인공위성 궤도 유지 보수 체계 등이다. 12차 계획과 비교하면 13차 계획은 첨단 무기 및 민군 융합 개발과 독창적인 혁신에 중점을 두었다고 평가할 수 있다.

세 번째로 국방 혁신을 위해 핵심 기술 역량을 강화하고 있다. 중국의 독창적 혁신 역량을 개선하기 위한 계획과 전략은 핵심 부품과 기술을 우선시하는 '비대칭' 접근 방식을 취한다. '2006~2020 중장기 과학 기술 개발 계획'에서 16개의 메가 프로젝트를 발표함으로써 이러한 추세를 표명했다. 여기에는 첨단 다목적 칩, 집적 회로 장비, 광대역 이동 통신, 첨단 수치 계산기, 원자력 발전소 등이 포함된다. 시 주석은 중국이 이러한 대규모 프로젝트의 실행을 가속할 것이라고 발표했다. 2015년에는 '과학, 기술, 그리고 혁신 2030'이라는 새로운 계획을 통해 13차 5개년 계획과 연계된 새로운 대규모 프로젝트가 발표됐다. 이 프로그램을 위해 선택된 27개 프로젝트에 대해 시 주석은 "국가의 전략적 의도를 구현한다"라고 말했다. 이 속에는 항공기 엔진 및 가스 터빈, 양자 통신, 정보 네트워크 및 사이버 안보, 스마트 제조 및 로봇 공학, 우주 및 심해 탐사, 핵심 재료 등이 포함된다.

2015년에는 중국 당국이 핵심 기술 역량을 강화하기 위해 민간 및 국방 관련 분야를 아우르는 국립 연구소를 설립할 계획을 발표했다. 시 주석은 국가 연구소가 "서방 선진국들이 기술 혁신에서 높은 지위를 차지하는 중요한 수단"이라고 언급하기도 했다. 국가 연구소는 중국이 글로벌 프론티어에 도달할 수 있도록 기본 및 응용 연구를 가속하는 중요한 플랫폼으로 보인다. 중국의 연구 개발 조직체는 군사용으로 가치가 높고 잠재적으로 파괴적인 과학 및 기술의 유용성을 식별하고 극대화하도록 설계됐다. 개발을 목표로 하는 군사 응용 프로그램이 있는 과학 및 기술 분야에는 극초음속, 나노기술, 고성능 컴퓨팅, 양자 통신, 우주 시스템, 자율 시스템, 인공지능, 로봇 공학, 고성능 터보팬 엔진 설계, 더 효율적이고 강력한 추진 체계, 적층 제조 및 3D 프린팅 등 첨단 제조 공정, 고품질의 우주항공 재료 등이다.

네 번째로 기술 혁신을 위해 민군 융합의 잠재력 실현을 위한 노력을 강화하고 있다. 중국의 민군 융합 발전 전략은 국방 부문 개혁의 핵심 부분이다. 민군 융합은 중국의 국방과 민간 산업 기반 간의 공식적인 관계를 수립해 기술적인 발전과 더불어 국내에 의존하며, 국제적으로 경쟁력 있는 산업 기반을 조성하는 것을 목표로 한다. 중국은 민간 부문의 혁신을 국방 산업 기반에 동화시키는 것을 강조한다. 민군 융합에 대한 책임은 2017년 공산당 중앙위원회에 속한 '중앙군사민간발전위원회'가 설립되면서 중앙 집중화가 됐다.

민군 융합의 개념은 2000년대 초반부터 중국에서 추진됐지만 불명확한 전략, 비효율적인 실행, 약한 민군 협력으로 인해 실질적인 성공을 거두지 못했다. 그런데도 중국은 민군 융합을 독창적인 혁신 추진에 필수적인 것으로 보고 있다. 민군 융합을 촉진하기 위한 노력은 주로 국영 국방 대기업의 개혁과 민간 부문 기술이 국방 프로젝트에 더 원활하게 유입될 수 있도록 하는 스핀 온(Spin-on) 정책, 플랫폼 및 기타 메커니즘의 구현에 중점을 둔다. 국유 국방 기술을 민간 부문으로 이전하는 스핀 오프(Spin-off)는 중국의 혁신 주도 발전과 방위 산업의 자금 조달을 지원하는 데 중요하다.

이러한 노력의 핵심은 2015년 3월, 시 주석이 민군 융합을 국가 전략으로 끌어 올린 발표였다. 이 사실은 2016년 3월, 시 주석이 주재한 정치국 회의에서 재확인됐다. 참석자들은 '경제 및 국방 건설 통합 개발에 대한 의견'이라는 새 문서와 함께 민군 융합을 국가 전략으로 승인했다. 2017년 1월, 민군 융합 이행 노력을 감독하기 위해 시 주석이 이끄는 새로운 조정기구인 '통합 국방 및 민간 개발을 위한 중앙위원회'가 창설됐다. 이러한 발전은 오랫동안 민군 융합의 진전을 지연시켜 온 관료적 도전과 기득권에 맞서기 위해 매우 중요한 조치였다고 평가할 수 있다. 국방과학 기술공업국은 중국 민군 융합 추진의 핵심 실행 조직이며, 2015년과 2016년에 '민군 융합 전략 실행 계획'을 발표했다. 이 계획은 광범위하게 민군 융합을 효과적으로 구현하기 위한 목표와 과업들로 구성되어 있다. 구체적으로는 방위 산업의 민간 참여 개방, 민간과 국방부 간의 자원 공유 개선, 국방 기술 전환 촉진, 방위 산업의 첨단 산업화 촉진, 민군 융합 산업 개발 등이 포함된다.

민군 융합의 향상된 지위를 보여준 분명한 신호 중 하나는 참여하는 기관의 확대였다. 예를 들어 2014년 6월, 국가 개발 개혁위원회는 경제총동원실을 민군 융합 업무를 담당하는 '경제 및 국방 조정 개발부'로 재구성했다. 그리고 매년 모이는 민군 융합 부처 간 조정 소그룹의 회원 자격도 확대했다. 산업 정보 기술부 장관이 위원장을 맡고, 중앙군사위원회의 장비발전부와 과학 기술위원회, 중국 과학원 등과 같은 핵심 기관들이 참여한다.

민군 융합 노력과 함께 중국은 현재 하이테크 산업에서 첨단 제조 역량을 강화하기 위해 포괄적인 노력을 기울이고 있다. 이러한 노력의 초석은 2015년 5월에 발표된 '중국제조 2025'계획이다. 이 문건의 초안을 작성할 때 민군 융합 우선순위를 강조하기 위해 민간 및 국방 기관 간에 긴밀한 조정이 이루어졌다. 국방과학 기술공업국이 계획을 작성하고 평가하는 데 핵심 역할을 수행했다. '중국제조 2025'는 중국이 산업과 경제를 종합적으로 개량하고, 2049년까지 세계 일류 제조업 강국이 되는 목표를 달성하기 위한 전략을 개괄적으로 설명한다. 주요 요지는 로봇 공학, 전력 장비, 차세대 정보 기술 등과 같은 전략 산업의 국내 제조에 대한 더 높은 목표를 설정해 국내 혁신을 증가시키려는 것이다. 이 계획은 중국 시장에 접근하는 대가로 기술을 이전하도록 외국 기업에 대한 압력을 높이는 동시에 보조금 및 기타 인센티브를 수여함으로써 중국의 국내 기업을 강화하는 것을 추구한다. 이러한 측면은 외국 참가자를 중국 시장에서 희생시키고 국내 기업을 부당하게 편애해 서방 선진국으로부터 비판을 받았다. 2018년 6월까지 이러한 우려에 대해 중국은 점점 더 인식했고, 민감해진 중국은 주요 정책 문서에서 '중국제조 2025'에 대한 언급을 피하기 시작했다. 중국 정부는 2018년 6월, 언론 매체에 이 용어의 사용을 자제하라고 명령했다. 중국 지도자들도 전략적 지침을 설정하기 위해 사용하는 주요 행사에서 '중국제조 2025'에 대한 언급을 피했다. 여기에는 연례 중앙경제공작회의와 전국

인민대표대회가 포함된다. 그런데도 중국은 '중국제조 2025'를 뒷받침하는 정책을 계속해서 시행하고 있다.

중국의 과학, 공학 및 민군 산업 기반 전체에 걸쳐 중국 국립과학재단, 중국과학원, 과학 기술부는 중요한 역할을 한다. 이 기관들은 과학 기술 의사결정 및 자금 지원, 기초 및 응용 연구, 과학 혁신, 하이테크 통합 촉진의 핵심이다. 중국과학원은 자연 및 응용 과학 분야의 종합 연구 개발을 위한 국내 최고의 학술 기관이며, 자문 자격으로 국무원에 직접 보고한다. 중국과학원은 국립과학재단과 긴밀하게 협력하고 있으며, 많은 과제가 군사용 기술에 기여한다. 국립과학재단과 중앙군사위원회 과학 기술위원회는 첨단 및 파괴적 기술에 대한 핵심 고문 역할을 한다. 2016년 8월, 국방을 위한 민군 혁신 및 기초 연구에 협력하기 위해 이 기관들은 5년간의 전략적 협력 합의를 했다. 2017년 7월, 중국은 군 개혁의 목적으로 3대 학술 기관인 군사과학원, 국방대학, 국방기술대학을 개편했다. 새로운 구조에서 군사과학원은 군사 관련 과학 연구에 중점을 두고 군사 이론과 과학 기술 발전 간의 긴밀한 유대를 촉진할 것이다.

마지막으로 국방 혁신 투자를 위해 자본 시장을 활용하고 있다. 중국의 방위 산업 기반은 미래의 신세대 무기와 장비 개발로 수요가 증가하는 추세에 있다. 그리고 높은 수준의 최고 지도자의 지원은 지난 몇 년 동안 국내 투자 수단으로 관심을 끌고 있다. 방위 산업은 자본 시장에 개방되고 있으며, 10대 국영 방산 기업은 자산을 더 잘 활용하기 위해 받을 수 있는 재정적 기회를 누리려고 한다. 국방과학 기술공업국은 2013년, 기업이 군사 자산을 증권화시켜 주식을 발행할 수 있도록 허용하기 시작했다. 중국조선공업유한공사는 2013년 9월에 민간 주식을 인수한 최초의 방산 기업이 됐다. 이 기업은 함정 건조를 위한 생산 시설을 확보하기 위해 85억 위안(14억 달러)을 모금했다. 자금의 3분의 1 이상이 중대형 해상 함정, 재래식 잠수함, 대형 상륙함 건조를 위해 배정됐고, 3분의 1은 민군 융합 프로젝트에 배정됐다. 이 회사는 자금이 신세대 무기 및 장비의 개발 및 제조에 사용될 것이라고 설명하면서 "우리는 긴급한 대규모 기술 개선이 필요하고, 자금 조달 채널을 확장해야 한다"라고 덧붙였다. 그리고 10개의 국영 방산 기업이 모두 다르지만, 공모 및 사모 펀드와 채권 발행을 적극적으로 시작했다. 10대 국영 방산 기업은 중국 증권 거래소에 약 100개의 자회사를 보유하고 있으며, 이는 전체 자산의 거의 30%를 차지한다. 분석가들은 중국이 방위 산업 자산의 약 70%가 상장된 미국을 따라간다면, 중국 기업은 추가로 1조 위안 이상의 자금을 조달할 수 있다고 추정한다.

미·중 기술경쟁에 주는 시사점

중국 방위 산업이 혁신 추종자에서 첨단 기술을 개발할 수 있는 독창적인 혁신가로 성공적으로 전환할 수 있다는 전망이 대세를 이루고 있다. 이러한 방향성은 시 주석의 적극적인 리더십 지원이 있었고, 오랫동안 국방 및 방위 산업에 존재했던 관료적 장벽을 허물었던 것이 개혁을 촉진하는 핵심이었다. 중국의 방위 산업 개혁이 지닌 의미는 다음과 같이 정리할 수 있다.

첫째, 중국 방위 산업이 해외에 대한 의존도가 낮아짐에 따라 보다 자립화됐다. 그로 인해 중국의 국방 기술 발전 궤적은 해외 기술 통제 때문에 부과되는 제약의 영향을 덜 받게 될 것이다. 중국 분석가들은 이것을 미국의 제3차 상쇄 전략에 대응하는 열쇠로 보고 있다. 그들은 미국이 결정적인 이점을 누리고 있는 분야에서 중국이 미국과 경쟁하도록 유인하려고 한다고 의심하는 부분도 있다. 이런 의심은 앞서 살펴본 바와 같이 과거 구소련의 실패한 사례로부터 학습한 결과다.

둘째, 미국은 중국이 따라잡기 전에 전략적 우위를 유지하기 위해 중요한 영역에서 제3차 상쇄 전략을 추구할 기회가 적어질 것이다. 중국 방위 산업의 구조 조정 노력의 속도와 강도가 빨라지고 있다. 향후 5~10년은 중장기적인 미·중 군사 기술 경쟁을 형성하는 결정적인 기간이 될 수 있다. 중국 전문가들은 중국이 민간 및 국방 과학 기술 분야에서 기술 리더십을 위한 미국과 제로섬 글로벌 경쟁에 참여하고 있다는 관점을 가지고 있다.

혁신의 추종자에서 독창적인 혁신가로 이동하려는 중국의 노력은 중국이 국방 과학, 기술 및 혁신(DSTI) 시스템의 토대를 만드는 것을 목표로 한다. 따라서 이러한 개혁의 결과로 중국 방위 산업의 산출물에 대한 구체적인 결과는 즉시 관찰되지 않을 수 있다. 그러나 미국이 중국 방위 산업의 개혁에 대응하기 위해서는 미군 및 방위 산업 기획자들이 미국의 방위 산업 기반과 국방 과학, 기술 및 혁신(DSTI) 시스템을 강화하려는 조치는 꼭 필요하다. 어쩌면 이런 강제적인 압박이 중국이 원하고 있는 방향인지도 모른다.

중국 방위 산업의 약점

중국 방위 산업은 독창적인 혁신가라는 화려함 뒤에 다양한 약점을 지니고 있다. 여기에는 기업 독점, 약한 관리 메커니즘, 관료적 분열, 구식 가격 체제, 부패 등이 포함된다. 중국 국방 경제가 직면한 주요 제약과 약점은 과거 어려웠던 역사의 부패한 유산에서 비롯된다. 중국 방위 산업의 제도적, 규범적 기반은 구소련의 지배적 국방 경제에서 모방했다. 이 시스템의 강력한 영향력이 지금도 계속 발휘하고 있다. 군과 방위 산업 기획자들은 이 구식의 하향식 행정 관리 모델을 보다 경쟁력 있고 간접적인 규제 체제로 대체하려고 하지만, 변화를 원하지 않는 강력한 기득권이 존재한다.

첫 번째 약점은 기업 독점 문제다. 중국의 6개 방산 부문에 있는 10개의 국영 방산 기업들은 각각 외부 경쟁이 닫혀 있다. 그래서 1개 기업의 독점 체제이거나 2개 기업의 과점 체제를 유지하고 있다. 계약은 일반적으로 이러한 기업에 단일 입찰 메커니즘을 통해 계약된다. 경쟁 입찰은 군수지원과 같은 비전투 지원 장비에 대해서만 이루어진다.

두 번째 약점은 관리 도구가 구식이라는 시스템적 문제다. 중국군은 현재 보유한 효과적인 계약 관리 시스템이 없는 상태에서 사업 계약자와 함께 프로젝트를 관리한다. 1980년대 후반에 계약 책임 시스템을 도입해 시범적으로 계약에 사용했다. 그러나 이러한 계약 방식은 본질적으로 행정을 위한 것이며, 방위 산업 내에서 개발된 법적 테두리가 없으므로 법적 지위가 거의 없다. 결과적으로 계약은 모호하며, 계약상의 의무, 품질, 가격, 일정 등과 같은 중요한 성과 문제를 정의하지 않는다. 한 분석에 따르면, 복잡한 무기체계 도입사업 계약은 1~2페이지 정도로 짧을 수 있다.

세 번째 약점은 관료적 분열이다. 이것은 중국 조직 체계의 공통적인 특성이지만, 특히 크고 다루기 힘든 국방 부문에서 치명적인 약점으로 나타난다. 국방은 광범위한 협상, 교섭 및 교환을 통해 수행되는 합의 기반 의사결정이 필요하다. 따라서 이러한 심각한 구조적 구획화는 혁신적이고 진보된 무기체계 개발에 주요 장애물로 작용한다.

네 번째 약점은 무기와 군사 장비에 대한 투명한 가격 체계가 없다는 것이다. 이는 군과 방위 산업 간의 신뢰 부족을 불러일으킬 수 있다. 기존 무기체계 가격 책정 방식은 과거 계획 경제로 거슬러 올라가는 '비용 플러스 모델'을 기반으로 한다. 이 모델에서는 계약 업체가 실제 투입 비용에 더해 5%의 이윤을 허용한다. 단점은 효율성과 혁신을 방해한다는 점이다. 계약 업체는 비용을 의도적으로 올리려는 측면이 있다. 그리고 계약 업체가 간소화된 관리나 비용 효율적인 설계 또는 제조 기술과 같은 비용 절감 방법을 찾는 것에 대해 유인이 없다. 이 오랜 문제를 해결하기 위해 군, 재정부, 국가발전개혁위원회는 2009년에 무기 가격 개혁에 관한 고위급 회의를 개최해 구식 가격 체계가 무기 개발과 혁신을 심각하게 제한했다는 결론을 내렸다. 2014년 초에 일반군비부는 장비 가격에 관한 선행연구를 수행한 적이 있다. 아마도 현재는 가격 체계가 과거보다 많이 개선됐을 것으로 추정된다.

마지막으로 큰 장애물은 부패다. 이는 구소련의 중앙 집중식 국가 계획 경제 체제의 도입과 함께 발전한 구시대의 결과물로 보인다. 군의 지도자들은 공무원 선발 및 승진, 군 관련 학교에 학생 등록, 자금 관리, 건설업 등과 함께 부패가 번성할 수 있는 여러 고위험 영역 중 하나로 방위 산업 부문을 강조했다. 이는 국방 혁신을 저해하는 오랜 약점이며, 이를 극복하기 위한 노력은 강력한 저항에 직면하고 있다.

03

민군 융합 발전 전략

국방 부문 개혁의 핵심인 민군 융합 발전 전략에 대해 좀 더 자세히 알아보자. 국가 부흥 목표를 지원하는 통합 국가 전략 시스템과 역량을 구축하기 위해 중국은 민군 융합 발전 전략을 추구한다. 이는 경제, 사회, 안보 발전 전략을 포괄적으로 융합한다는 의미다. 그 목적은 국방 과학, 기술 및 혁신(DSTI)의 개혁을 심화하고, 군사 목적의 첨단 이중 용도 기술을 획득하는 데 있다. 더 넓은 목적은 경제, 군사, 사회 거버넌스의 측면을 결합해 중국의 모든 국력 도구를 강화하는 것이다. 당 지도부는 이를 과학 기술 영역에서 중국이 세계 리더가 되고, 세계 수준의 군대로 발전하며, 현대 사회주의 강대국이 되기 위해 전략적으로 중요한 요소로 보고 있다. 중국은 혁신과 경제 발전을 위한 촉매 역할을 하는 방식으로 민군 융합 기반을 구축하기 위해 노력하고 있다. 특히 지능화 전쟁에 적합한 기술을 발전시키는 데 효과적인 통합 노력을 제공하고, 전시 중에는 효과적인 산업 동원을 촉진한다.

중국 건국 이후 당은 군과 민간 부문이 결합한 기여를 활용하거나 통합하는 개념을 탐구해왔다. 현재 민군 융합 개념은 2000년대 초반에

당이 중국의 전반적인 발전을 향상하는 방법을 모색하면서 뿌리를 내렸다. 당 지도부도 중국이 서방 선진국에서 관찰한 민간과 국방 부문 간의 협력을 반영한 '군민 통합'(중국에서는 민(民)보다 군(軍)이 앞선다)을 요구하게 됐다. 이러한 노력의 실행은 국가 전체에 존재하는 조직적 장벽과 중앙 집중식 정부 통제의 부족으로 지연됐다. 중국은 11차 5개년 계획(2006~2010)에 맞춰 '군민 통합'을 '군민 융합'으로 대체하기 시작했다. 2007년 당 관계자들은 '통합'에서 '융합'으로의 변화가 단순히 외형적인 것이 아니라, 방위 산업 진흥에 가용한 모든 경제 자원을 포함하도록 범위를 확대했다고 공개적으로 언급했다.

그 이후로 중국을 재건하려는 국가 전략을 지원하는 경제 및 사회 발전과 안보 발전을 연결하는 수단으로 민군 융합을 보게 됨에 따라 범위와 규모가 커졌다. 당은 이처럼 2000년대 초반부터 민군 융합의 중요도를 지속해서 높여왔다. 2015년에 중국 공산당 중앙위원회는 민군 융합 발전 전략을 국가 차원의 전략으로 격상했다. 그 목적은 중국의 국가 발전 전략과 '통합 국가 전략 시스템 및 능력'을 구축하려는 국가안보 전략 사이의 가교 역할을 수행하기 위함이었다. 이 모든 것은 국가 부흥이라는 중국의 목표를 지원한다. 2020년 중국 공산당 19기 5차 전체회의에서 지도자들은 새로운 기술과 작전 개념의 통합, 과학 기술 연구 강조, 민군 융합 개선 등 군사 현대화의 가속화를 촉구했다. 중국이 민군 융합의 높은 수준의 우선순위를 거듭 강조하고 있음을 알 수 있다. 민군 융합 발전 전략의 전반적인 관리와 실행은 중국에서 가장 강력한 중앙 기관인 정치국, 국무원(특히 국가발전개혁위원회), 중앙군사위원회가 담당한다. 당 중앙위원회의 민군 융합 발전 전략을 국가 차원의 전략으로 격상시킨 것은 그 중요성을 나타내는 것 외에도 당과 국가 전반에 걸쳐 시행하는 장애물을 극복하기 위한 것이었다.

민군 융합의 전략적 위치 상승은 2017년 중앙군사융합발전위원회의 설립으로 이어졌다. 의장은 시 주석, 리커창(李克强) 총리, 정치국 상무위원 등이 참여한다. 중앙군사융합발전위원회의 명시된 목표는 중국의 '국가 전략 시스템 및 역량'을 구축하는 것이다. 이 위원회는 민군 융합을 기획하고, 실행 단계에서 장애물 극복을 위해 존재한다. 민군 융합 발전 전략의 고양과 중앙군사융합발전위원회의 창설은 당 지도부가 민군 융합에 부여하는 중요성과 전략의 야망의 범위와 규모를 나타낸다고 볼 수 있다. 실제 민군 융합 시스템에는 수십 개의 조직과 정부기관 간의 연결이 수반된다. 여기에는 국무원의 부처급 조직, 중앙군사위원회 산하 주요 군사기관, 국가 후원 교육 기관, 연구 센터 및 주요 연구소, 10개의 국유 방산 대기업, 기타 공기업 및 준민간 기업, 민간기업 등 사회 전반을 아우른다.

민군 융합 전략은 여섯 가지의 상호 연결된 노력을 통해 그 목적을 추구한다. 각 노력은 다른 노력과 중복되며 국내외 구성 요소가 있다. 당은 국가 최고 수준의 기관에서 성, 향에 이르기까지 중국의 모든 수준에서 민군 융합 개발 전략을 구현하려고 한다. 중국은 이러한 여섯 가지 측면을 하나의 시스템으로 보고 있으며, 구성 요소 간 상호 지원을 통해 보완될 수 있다. 민군 융합 전략의 여섯 가지 구성 요소는 다음과 같다.

첫째, 산업적 측면이다. 민군 융합 전략은 방위 산업 기반과 민간 기술 및 산업 기반을 융합한다. 여기에는 방위 산업 기반에 대한 민간 부문의 참여를 확대하고, 방위 산업과 민간 산업의 제조 프로세스 효율성, 역량 및 유연성을 개선하는 것이 포함된다. 이러한 참여는 국방 및 민간 부문에 걸쳐 성숙한 기술을 양방향으로 이전하는 것을 추구한다. 목표는 두 부문 모두에 막대한 이익을 창출하는 것이다. 이는 또한 부문별 1개 또는 2개의 방산 대기업이 특정 방산 부문을 지배하는 방위 산업 기반 내에서 경쟁력을 높이기 위한 목적이기도 하다. 이 민군 융합 전략은 수입 의존도를 줄이기 위해 주요 산업 기술, 장비 및 재료 제조에서 중국의 자립을 향상하려고도 한다. '중국제조 2025'는 중국이 항공우주, 통신 및 운송 등과 같은 주요 산업 분야에서 더 큰 자급률 달성 목표를 위한 대표적 계획이다.

스마트 제조에 중점을 두고 2015년에 발표한 '중국제조 2025'는 주요 과학적 혁신을 달성하고 열 가지 핵심 기술에서 세계적으로 경쟁력 있는 기업을 구축하고자 한다. 이 계획은 수입 기술을 국내 생산 기술로 대체해야 할 필요성을 강조한다. 다른 국가에 대한 의존도를 줄이고, 완전한 고유 국방 부문을 개발하려는 중국의 열망에 부합하는 목표가 있는 것이다. 하이테크 제품을 수출하는 국가에 경제적 도전을 제시하는 것 외에도 이 계획은 고급 이중 용도 기술의 독점적 숙달을 강조함으로써 중국의 군사 현대화 목표를 직접 지원한다. 대규모 자금 지원, 유리한 규제 프레임워크, 중국의 적극적인 기술 이전 노력을 바탕으로 빅데이터 및 클라우드 컴퓨팅과 같은 차세대 정보 통신 기술과 첨단 소재에 특히 중점을 둔다. 여기에 더해 국유기업 개혁, 지역혁신클러스터 구축, 민간역량 활용 등을 통해 외국의 기술경쟁사를 제치고 우월한 혁신생태계를 조성하고자 한다.

둘째, 과학 기술 혁신 측면이다. 민간 및 국방 부문 전반에 걸쳐 과학 및 기술 혁신을 통합하고 활용한다. 이 민군 융합 시스템은 국가의 과학 기술 발전의 모든 이점과 잠재력을 극대화하고자 한다. 이 시스템은 첨단 기술과 혁신이 중국의 국력을 강화하는 데 중요하다는 중국 공산당 지도부의 견해와 일치한다. 민간 및 국방 기관, 프로젝트 및 이니셔티브 전반에 걸쳐 첨단 기술을 개발 및 통합하고 이익이 양방향으로 흐르게 한다. 이 속에는 군사용으로 첨단 민간 기술을 사용해 국방 과학 기술을 보다 광범위하게 발전시키는 것과 군사 기술을 사용해 민간 경제 발전을 추진하는 것이 포함된다. 주로 이 시스템은 기초 및 응용 연구의 혁신을 융합하는 데 중점을 둔다. 이 민군 융합 시스템의 구체적인 노력에는 첨단 이중 용도 기술 연구 개발 강화와 군과 민간 기초 연구의 교차 지원이 포함된다. 추가적인 노력에는 과학 자원 공유 촉진, 국방 연구에 관련된 기관 확장, 민간 및 국방 연구 커뮤니티 전반에 걸친 협력 강화 등이 포함된다. 민군 융합의 영향을 받은 이중 용도 과학 기술 발전 노력의 예로는 '혁신 주도 개발 전략'과 '인공지능 국가 프로젝트'가 있다.

셋째, 전문성과 지식적 측면에서 인재를 양성하고 민간 및 국방 전문성과 지식을 혼합한다. 민군 융합 시스템은 교육 프로그램, 인적 교류 및 지식 공유를 통해 민간 및 국방 과학 기술 전문 지식을 혼합 및 육성하고자 한다. 이는 민간과 국방 분야 여부를 불문하고, 전문가들이 과학 기술사업에 참여할 수 있는 활용도를 높이고, 전문성이 더 자유롭게 흐를 수 있도록 하는 데 있다. 이러한 측면은 중국의 인재양성 시스템을 개혁하고자 하는 의도도 포함되어 있다. 어린이를 위한 당의 전국적인 '애국 교육 프로그램'에서 중국 및 해외 기관의 박사 후 연구원의 입학에 이르기까지 모든 수준의 교육을 고려한다. 여기에는 수백 개의 인재 채용 계획도 포함된다. 그 목적은 중국의 인적 자본을 개선하고, 고도로 숙련된 인력을 구축하기 위함이다. 중국의 많은 인재 프로그램이 민군 융합 계획의 영향을 받았을 가능성이 크며, 이는 사관학교, 국립대학 및 연구 기관의 개혁도 마찬가지다. 외국 전문가를 모집하는 것은 노하우, 전문 지식 및 외국 기술에 대한 접근을 제공하기 위함이다.

넷째, 민간 인프라의 군사적 활용 측면에서 중국은 민군 융합 전략에 접근한다. 중국군은 민간 인프라에 군사적 요구 사항을 구축하고, 군사 목적을 위해 민간 건설 및 물류 능력을 활용한다. 여기에는 공항, 항만 시설, 철도, 도로 및 통신 네트워크와 같은 민간 교통 인프라를 구축할 때 군사적 요구 사항과 이중 용도를 고려하는 것이 포함된다. 이와 더불어 민간 인프라의 군사적 활용 영역은 이동 통신 네트워크, 지형 및 기상 시스템, 우주 및 해저 등과 같은 이중 용도 인프라 프로젝트로 확장된다. 민간 인프라의 군사적 활용을 위해 또 다른 요소는 비상사태에 민간 기반 시설을 더 쉽게 사용할 수 있도록 민간 및 국방 공통의 표준을 설정하는 것이다. 민군 융합의 이러한 측면은 틀림없이 중국의 지방 거버넌스 체계에 큰 영향을 미칠 것이다. 왜냐하면, 군사적 요구 사항이 성급, 현급, 향진급 지방 관리 수준에서 기반 인프라 건설에 대한 통제를 제공하기 때문이다. 민군 융합의 이러한 측면의 영향력은 정부 기관, 군, 법 집행 기관, 건설 회사 및 상업 기관을 한데 모은 중국의 주요 토지 개간과 남중국해 군사 건설 활동에서도 볼 수 있다. 중국의 해외 인프라 프로젝트 및 투자를 위한 일대일로 구상에서도 중국군의 군사력을 계획하고 유지할 수 있도록 보다 강력한 해외 물류 및 기반 인프라를 구축하려고 한다.

다섯째, 민군 융합 전략은 군수지원 능력과 관련되어 있다. 중국군은 군사적 목적을 위해 비효율적인 독립형 군수지원 시스템에서 현대적이고, 간소화된 군수지원 시스템으로 전환하려고 한다. 이를 위해 두 가지 주요 노력을 수반한다. 먼저, 공공 부문 및 민간 부문 자원을 활용해 식품, 주택 및 의료 서비스에 이르기까지 군의 기본 지원 기능을 개선하려고 한다. 이 개념은 이전에 군에서 수행했던 비군사 부문 서비스를 아웃소싱해 비용과 인력의 효율성을 얻는 동시에 군인의 삶의 질을 향상하는 것이다. 다음으로, 해외 작전에서 합동 작전과 군을 지원하고 유지할 수 있는 현대적인 군수체계 구축을 하려고 한다. 이 시스템은 중국의 선진화된 민간 물류, 인프라, 운송 서비스 네트워크 등을 군과 통합하려고 한다. 이러한 조치는 군에 현대적인 운송 및 유통, 창고 보관, 정보 공유 및 기타 유형의 평시 및 전시 지원을 제공하기 위한 것이다. 물류 시스템의 융합은 군에 더 효율적이고, 더 높은 군수지원 용량, 품질 및 범위를 제공할 수 있을 것이다.

여섯째, 민군 융합 전략은 전시 동원력과 관련이 있다. 중국은 비상사태에 대비해 사회와 경제의 모든 관련 측면을 통합하도록 중국의 국방 동원 시스템을 확장하고 심화한다. 이 시스템은 중국의 주권, 안보 및 개발 이익을 방어하거나 발전시키기 위해 군의 군사, 경제 및 사회적 자원을 동원하려는 다른 시스템을 구속한다. 당은 중국의 성장하는 힘을 국가가 동원할 수 있을 때만 유용하다고 판단한다. 중국은 동원력을 필요한 기간에 필요한 도구와 자원을 정확하게 사용할 수 있는 능력으로 본다. 2015~2016년의 국방 개혁은 국방 동원 기능을 중앙군사위원회에 직접 보고하는 국방동원부로 격상시켰다. 국방동원부는 군의 예비군, 민병대, 지방 군사 지구 이하를 조직하고 감독함으로써 이 국방동원 시스템에서 중요한 역할을 한다. 또한, 국가비상관리체계를 국방동원체계로 통합해 위기상황 시 민·군 공조 대응을 도모하고자 한다. 많은 민군 융합 동원 계획은 국제 경쟁에 대한 중국의 전략적 요구를 지원하기 위해 경제와 사회를 활용할 수 있는 방법을 모색하게 만들었다.

04

현대화 목표와 대상

중국은 4차 산업혁명과 관련된 기술을 지배하려고 한다. 신기술이 오늘날의 '정보화' 전쟁 방식에서 '지능화' 전쟁으로의 전환을 주도하는 것으로 보고 있다. 첨단 기술을 마스터하고, 글로벌 혁신 초강대국이 되기 위해 중국은 공격적이고, 최고 수준의 노력을 계속해왔다. 지능화된 능력의 구현을 위해 중국은 정보를 보다 신속하게 처리하고, 융합할 필요가 있다고 생각한다. 중국은 첨단 기술이 중국이 서방 군대에 대항해 중요한 경제적, 군사적 이점을 확보하기 위해 범정부적 접근을 취해야 하는 '군사 혁명'으로 본다. 이러한 융합은 미래 전투의 속도를 증가시켜 빠르고 효율적인 의사결정을 지원할 수 있다. 중국 전략가들에 따르면, 미래 전쟁에서의 승리는 어느 쪽이 점점 더 역동적인 작전 환경에서 더 빠르고 효과적으로 관찰하고 결정한 후 행동할 수 있느냐에 달려 있다. 중국군의 미래는 자율 지휘 및 통제(C2) 시스템, 더욱 정교하고 예측 가능한 작전 계획, 정보, 감시, 정찰의 융합과 같은 미래 군사 능력의 지원이 중요하다. 그들은 지능화 전쟁을 위한 클라우드 컴퓨팅, 빅데이터 분석, 양자 정보, 무인 시스템 등을 활용한 인공지능을 중심적으로 설명한다. 또한, 전장 지휘관을 위한 보다 유능한 지휘 정보 및 결심 보조 체계도 개발하고 있다. 미래의 C4ISR 시스템은 빅데이터를 수집, 융합 및 전송하고 최적의 행동 방침을 생성하기 위해 인공지능을 사용해 더 효과적인 전장 관리를 하려고 한다.

이러한 방향은 중국의 야심 찬 현대화 노력과 지능화 전쟁이 가능한 세계 수준의 군대가 되려는 목표를 직접 지원한다. 2017년 '국가 인공지능 계획'은 중국이 2030년까지 세계 주요 인공지능 혁신 국가가 되기 위한 단계를 설명하고, 중국이 경제, 사회 및 국방 전반에 걸쳐 인공지능 통합을 가속화 할 것을 촉구한다. 2020년, 중국 과학 기술부는 인공지능 연구에 약 8,500만 달러를 할당했다. 인간의 두뇌에서 영감을 받은 소프트웨어 및 하드웨어 개발, 인간과 기계의 팀 구성, 의사결정 등 관련된 연구과제 22개를 식별했다. 중국은 모든 영역에서 무인 시스템을 개발하고 있으며, 제한된 인공지능 기능을 가진 무인 항공, 지상 및 해상 무기체계 시험을 했다. 2019년, 중국에 본사를 둔 민간 기업인 쯔얀(Ziyan) 무인 항공기(UAV)는 인공지능을 사용해 자율 안내, 표적 획득 및 공격 실행을 수행한다고 주장하는 무장 군집 드론을 전시했다. 지난 5년 동안 중국은 인공지능 지원 무인 수상함에서 성과를 거두었으며, 남중국해에서 이를 순찰하고 영유권 주장을 강화할 계획이다. 또한, 인공지능을 지상군 장비에 통합하기 위한 연구 노력의 목적으로 무인 전차를 앞서 설명한 바와 같이 시험했다. '차세대 인공지능 계획'은 인공지능과 관련된 중국의 목표를 간략하게 설명한다. 주요 골자는 2020년까지 인공지능 분야에서 세계 주요국들과 동등해지기 위해 민간 및 군사기관을 활용하고, 2025년까지 인공지능의 주요 돌파구를 달성하는 것이다. 2030년까지는 중국이 인공지능의 글로벌 리더가 된다는 것이 주요목표다.

인공지능 기술에 대한 중국의 높은 우선순위는 2030년까지의 과학기술에 대한 전략적 목표에 대한 시 주석의 설명과 함께 시작됐다. 이는 2015년 11월에 발표된 '과기창신(科技创新) 2030 중대항목(重大项目)'으로 성문화된 것으로 보인다. 전략적 추구를 위한 핵심 신기술에 대한 시 주석의 발표는 지원할 특정 기술 분야에 대한 최고 수준의 방향을 제시하려는 중국 지도부의 강한 열망을 보여준다. 중국 언론은 2016년부터 2020년까지 13차 5개년 계획에 국가 수준에서 인공지능에 대한 첫 번째 언급을 포함했다. 중국 과학 기술 기획 내에서 제조 및 로봇 공학의 하위 집합으로서 인공지능의 결합이 중요하다고 13차 5개년 계획에서 언급한다. 이러한 국가 계획 외에도 '중국제조 2025' 및 '인터넷 플러스'와 같은 최고 수준의 구상은 중국 과학 기술 개발에서 인공지능 기술의 중요성을 명시적으로 기술하고 있다. 특히 '인터넷 플러스'에는 인공지능에 대한 전체 하위 계획을 담고 있다. 이것은 '인터넷 플러스 인공지능 3대 실행계획'으로 알려져 있다.

최근 우주 탐사 및 기타 분야에서 이룬 성과에서 알 수 있듯이 중국은 수많은 첨단 기술의 최전선에 서 있거나 그 근처에 있다. 중국은 인공지능뿐만 아니라 자율 시스템, 고급 컴퓨팅, 양자 정보 과학, 생명 공학, 첨단 재료 및 제조 등과 같이 군사적 잠재력을 지닌 핵심 기술에서 시 주석의 리더십을 계속 추구하고 있다. 중국은 외국 기술에 크게 의존하지 않고, 첨단 기술 산업의 글로벌 센터 역할을 하는 혁신 강대국이 되기를 열망한다. 국가 주도의 신속한 기술 개발에 대한 중국의 장기적인 초점은 인공지능, 양자 통신, 고성능 컴퓨팅, 5G 모바일 네트워크, 생명 공학 등을 포함해 수많은 과학 분야에서 선두 또는 그 근처에 중국을 위치시켰다. 또한, 중국은 고속철도, 전기 자동차, 빅데이터 분석, 클라우드 컴퓨팅과 같은 다양한 디지털 생태계에서도 탁월하다. 14

차 5개년 계획(2021~2025년)은 중국의 기술 발전의 비전을 보여주는 주요 정책 문서다. 이 보고서에 따르면, 중국은 4차 산업 혁명과 관련된 분야에서 기술 독립과 자체 혁신에 대한 중국의 초점을 유지할 것이라고 한다. 이 계획은 첨단 반도체, 인공지능, 양자 기술, 5G 기술, 신에너지 자동차 등을 포함하는 일련의 핵심 신기술을 우선시했다. 중국은 베이징과 상하이 사이에 2,000km의 양자 보안 통신선을 보유하고 있으며, 중국 전역으로 확장할 계획이다. 중국은 또한 2030년까지 위성 지원 글로벌 양자 암호화 통신 기능을 운영할 계획이다.

중국은 민군 융합 개발 전략과 더불어 연구 개발, 전략 및 교리 조직을 모두 개혁함으로써 '지능화' 전쟁으로의 전환을 주도하려고 한다. 2015년에 중국은 민군 융합을 국가 전략으로 격상했다. 여기에 추가해 민군 이중 용도 기술 개발을 추진하고, 민간 및 군사 행정을 더욱 통합하기 위해 새로운 조직을 설립하고 정책을 계속 공표했다. 2017년에는 새로운 작전 개념의 개발과 신기술의 발전을 동기화하기 위해 군사 연구 및 교육 기관을 재편성했다. 핵심 군사 싱크 탱크인 군사과학원을 개편했고, 이 조직이 군사과학 연구 프로그램을 주도하고 있음을 재확인시켰다. 전통적으로 군사과학원은 현재 여러 군 과학 및 기술 기관을 감독하고 있다. 개편된 군사과학원은 국방 혁신을 주도하고, 전투 이론과 교리가 인공지능 및 자율 시스템과 같은 파괴적인 기술을 완전히 활용하도록 하는 임무를 맡았다. 첨단 기술을 신속하고 대규모로 배치하려는 중국의 의지와 민군 융합 전략에 대한 중국의 초점을 감안할 때 군은 앞으로 이와 같은 개혁으로부터 빠르게 혜택을 받을 것이다.

중국군은 적의 지휘 및 통제(C2) 시스템과 미래의 인공지능 시스템을 표적으로 삼고, 저하하는 능력의 필요성을 강조했다. 무기 개발자들은 새로운 작전 개념을 가능하게 하고, 새로운 지휘 및 통제(C2) 모델을 필요로 하는 무인 공중, 수상, 수중 및 지상 차량을 연구하고 있다. 그들은 유인 및 무인 팀 구성 기능을 포함하고, 더 치명적으로 적의 방어체계를 무력화시킬 수 있는 간접적인 타격 옵션을 제공할 수 있는 무인 플랫폼에 대한 더 큰 자율성을 추구하고 있다. 이와 더불어 인공지능 지원 네트워크 취약성 분석, 대응책 식별 및 전자기 스펙트럼 관리를 통해 사이버 및 전자전 능력을 향상하고 있다. 이같이 중국군은 지능화 전쟁과 관련된 기술을 활용해 자율 무인 무기체계의 배치를 지원하고 정보 작전 능력을 향상하고 있다.

그런데도 중국은 지능화 전쟁을 위한 미래 기술을 개발하고, 새로운 능력을 구현하는 어려움을 인정한다. 그리고 하위 계층에 대한 의사결정 권한의 위임은 전통적으로 계층적이고 중앙 집중화된 지휘 및 통제(C2) 구조에 역행할 수 있다. 빅데이터 활용 능력은 외국 군대에 대한 고품질 데이터를 대량으로 확보하는 능력에 달려 있기도 하다. 또한, 미래의 분쟁이 복잡해지면 미래의 지능화 시스템을 이해하고 운영하는 데 필요한 고도로 유능하고 기술적으로 숙련된 인력을 모집, 훈련 및 유지해야 한다.

05

다양한 루트를 통한 기술 획득

중국은 다양한 루트를 통해 부족한 기술 역량을 보충하고 있다. 최근 첨단 기술은 상업용과 군사용의 경계가 모호한 탓에 이러한 루트가 다양해지는 경향이 있다. 중국은 여섯 가지 모델을 통해 인공지능과 첨단 기술 획득의 전략적 목표를 추구한다. 이 여섯 가지 속에는 국내 연구 개발 투자, 외국인 직접 투자, 기업 인수 및 합병, 학술 교류, 전략적 인재 채용, 전통적 첩보 활동이 포함된다. 중국의 공식 문서에는 이 분류법이 명시적으로 설명되어 있지 않지만, 공식적인 정부의 계획은 이를 따르는 것으로 보인다. 각 모델의 최종 목표는 중국이 첨단 기술 분야에서 세계 강국이 되는 것이다.

첫째, 국내 연구 개발 투자 방식으로 기술을 획득하는 것이다. 내부 투자를 통한 국내 연구 개발은 인공지능 및 첨단 기술에 대한 전략적 목표를 달성하기 위한 중국의 우선적 모델이다. 다른 모든 기술 획득 및 이전 모델이 구축되는 중심이라고도 볼 수 있다. 이 모델은 민간 산업, 학계 및 방위 산업 전반에 걸쳐 프로젝트를 가장 잘 수행할 수 있는 국가 챔피언에게 자원을 직접 할당한다. 투자는 최고 수준의 정부에서 시작해 개별 실험실에 이르기까지 점점 더 세부적으로 구현되는 일련의 계획 문서에 의해 구현된다. 863과 973 프로그램을 포함해 국내 자금 조달 메커니즘의 대규모 구조 조정은 최근 수십 년간 중국의 기술 발전에 대한 중국 지도부의 좌절을 엿볼 수 있다. 이는 과제 중복성으로 인해 낮은 효율성에서 기인한 것으로 추정된다.

공업정보화부는 인공지능을 개발하는 국영 민간 및 국방 대기업을 직접 관리하고 있다. 목표를 위한 첫 번째이자 가장 논리적인 기업들의 요청은 정부의 재정 지원을 늘리는 것이었다. 예산 증가에 대한 이 요구에 대해 흥미로운 점은 엔젤 투자자, 벤처 캐피털, 혁신 자본 자금, 자본 시장 자금 조달 등을 강조하는 방향으로 전환된 것이다. 국가 자금 지원에 대해 중앙 정부의 전통적인 역할에 대해 논의하는 것에서 새로운 움직임이다. 이러한 정책은 이와 같은 다양한 비정부 투자가 중국 정부에 의해 지도되고 완성되어야 한다고 언급한다. 따라서 이 정책은 중앙 정부의 자금 지원을 줄이고, 엔젤 투자자와 같은 사적 투자 유형을 지시하는 정부의 역할 증가를 요구했다.

2017년부터 중국은 15개 기업을 국가 공식 인공지능 챔피언 기업으로 지정했다. 여기에는 알리바바(Alibaba), 바이두(Baidu), 화웨이(Huawei), 센스타임(SenseTime), 텐센트(Tencent), 하이크비전(Hikvision), 메그비(Megvii), 이투(Yitu) 등을 포함한다. 이 조치는 이들 회사가 중국 정부와 업계 전반의 조정을 촉진하도록 유도하기 위함이다. 각 챔피언은 자율주행차, 스마트 시티, 사이버 안보 등을 포함한 특정 인공지능 영역을 담당한다. 거대 기술 기업인 알리바바, 바이두, 텐센트는 2018년부터 양자 컴퓨팅을 연구해왔으며, 알리바바는 세계에서 몇 안 되는 양자 컴퓨팅 클라우드 서비스 중 하나를 제공한다. 중국에는 퀀텀씨텍(Quantum CTek)과 안후이 카스키(Anhui Qasky)라는 두 개의 선도적인 양자 통신 스타트업 기업이 있다. 2020년 6월에 기업공개(IPO)를 한 퀀텀씨텍은 상업용 양자 통신 기술 분야에서 가장 큰 제조업체 중 하나가 됐다. 알리바바, 바이두, 텐센트, 화웨이, ZTE는 민간 부문에 혁신 센터를 설립하고, 자금을 지원해 안면 인식 및 5G와 같은 신기술 개발을 주도하고 있다. 이 기업들은 때에 따라 외국 인재 및 데이터에 대한 접근성을 높일 수 있는 스마트 시티 기술을 제공한다. 2017년 11월, 중국 스타트업 이투는 얼굴 인식 기술과 관련된 미국 정부 후원 대회에서 우승했다. 이 회사는 센스타임, 메그비 및 딥글린트(Deepglint)와 같은 안면 인식 회사와 함께 2017년에 수억 달러의 투자를 받은 것으로 알려졌다. 중국은 비디오 감시 기술의 세계 최대 시장이다.

이같이 민간 부문은 고급 이중 용도 기술의 혁신을 점점 더 주도하고 있으며, 주요 기업은 핵심 분야에서 혁신을 창출하기 위한 상당한 연구 노력을 기울이고 있다. 우선순위가 높은 산업을 지원하기 위해 조성된 국영 투자 기금은 수천억 달러로 추산되는 자본을 모았다. 중국의 민군 융합 전략에 따라 군은 중국의 민간 부문 성과를 활용해 군대 현대화 계획을 추진하려고 한다. 중국의 법도 이러한 전략을 뒷받침하고 있음을 알 수 있다. 2017년 중국 국가정보법에 따르면, 중국 기업은 사업이 운영되는 곳에서 국가 정보 작전을 지원 또는 협력해야 한다.

둘째, 외국인 직접 투자를 통해 기술을 획득하는 방법이다. 이 방법은 중국과 미국 기업 모두 인공지능 및 첨단 기술과 관련된 연구 개발에 대해 선호하는 경향이 있다. 실제로 중국 기업이 미국과 유럽에서 새로운 연구 개발 기업을 만들고, 미국 기업이 중국 내에서 연구 개발 기업을 설립하는 양방향 모델이다. 미국과 중국의 민간 산업은 경제적 수익과 기술 이익을 추구한다. 두 가지 대표적인 사례는 중국의 바이두가 실리콘 밸리에 인공지능 연구 센터를 설립한 것과 미국의 델(Dell)이 중국에 연구 센터를 설립한 것이다. 바이두의 스배일(SVAIL)은 실리콘 밸리의 인공지능 관련 주요 투자자다. 여기에는 3개의 연구소로 구성되어 있다. 애슈턴 카터(Ashton B. Carter) 전 국방부 장관은 실리콘 밸리의 기술이 국방부 획득에 있어 높은 우선순위를 가진다는 발언을 보면, 중국 기업이 실리콘 밸리에 있다는 사실이 역설적이다. 파트너 연구소는 베이징에 있으며, 연구 분야에는 이미지 인식, 음성 인식, 자연어 처리, 로봇 공학, 빅데이터 등이다. 2013년에 공식적으로 설립된 스배일은 2014년에 출발했다. 당시 바이두가 실리콘 밸리에 3억 달러를 투자하기로 약속했고, 이전에 구글(Google)의 성공적인 딥 러닝 프로젝트 책임자를 역임한 미국 최고의 인공지능 권위자인 앤드류 응(Andrew Ng)을 고용했다. 바이두의 미국 인공지능 연구소에는 현재 60명 이상의 연구원이 있으며, 100명의 바이두 직원이 인근에서 인공지능 이외의 문제를 연구하고 있다.

중국 또한 국내 외국인의 연구 개발 투자의 혜택을 받고 있다. 대표적인 사례는 2015년 미국의 델이 중국에 1억 2,500만 달러를 투자한 것이다. 여기에는 중국과학원과 합작 투자로 '인공지능 및 고급컴퓨팅 합동연구소' 설립이 포함된다. 연구소의 임무는 인지 시스템과 딥 러닝에 광범위하게 초점을 맞춘 것으로 보고됐다. 이를 통해 델은 중국과학원에 고급 컴퓨팅 플랫폼을 제공하고, 인공지능과 관련된 성과들이 창출되고 있는 것으로 알려져 있다. 그리고 델은 인공지능 합작 투자를 통해 시장 접근을 확대하고, 국방 관련 연구원들과 긴밀하게 상호 협력하고 있는 것으로 보인다. 이 파트너십에는 델-킹소프트 클라우드(Dell-Kingsoft Cloud) 서비스 출시, 중국전기공사와의 파트너십, 칭화동방사 등과의 관계도 포함됐다. 델은 이 협력을 바탕으로 중국 방산 기업과 긴밀한 관계를 유지하는 조직과 파트너 관계를 맺었다.

셋째, 핵심 기술 분야의 기술, 시설 및 인력을 보유한 외국 기업 전체를 구매하는 방식이다. 중국 정부는 중국 기업이 외국 기업을 인수하고, 목표 기술을 획득하도록 지시하고 지원한다. 표적 인수를 통해 중국 기업은 국제 표준에 신속하게 도달할 수 있는 지적 재산, 품질 관리, 브랜드 인지도를 받을 수 있다. 문제는 대상 국가의 정치적 반발이 포함될 수 있다. 대표적인 사례가 2015년 중국의 칭화유니그룹(紫光集團)의 미국 회사 마이크론(Micron) 인수다. 미국은 이러한 인수를 주요 인프라에 대한 위협으로 간주할 수 있다. 지적 재산 획득을 위한 해외 기업 인수의 또 다른 사례는 2014년 말 중국집적회로산업투자펀드가 애플(Apple)용 웹캠 제조업체인 옴니비전 테크놀로지스(OmniVision Technologies)를 인수한 것이다. 이 인수가 발생한 배경에는 중국 국무원이 있었다. 2014년 6월, 국무원은 재정부, 과학 기술부, 공업정보화부, 국가발전개혁위원회가 작성한 '집적 회로 산업 발전 및 촉진을 위한 국가 지침'을 발표했다. 이 지침은 중국의 접적회로 설계, 제조, 패키징 산업과 기술 수준의 가속화를 목표로 했다. 목표를 달성하기 위해 2014년 9월 24일에 차이나 타바코(China Tobacco), 중국 전자 기술 그룹(CETC), 칭화유니스플렌더(UNIS) 등을 포함한 대규모 컨소시엄에 의해 중국집적회로산업투자펀드가 설립됐다. 이 펀드의 CEO 딩웬우(丁文武)는 당시 공업정보화부의 전자 정보 부장 출신이었다.

넷째, 학술 교류를 통해 핵심 기술을 흡수하는 방법이 있다. 타국의 민간, 정부 및 학술 연구실과의 파트너십은 첨단 기술 및 연구원에 대한 노출이 발생하기 때문에 기술 획득에 좋은 통로구다. 이러한 파트너십은 유사한 시설을 운영, 관리 및 구성할 수 있는 기술적 전문 지식을 제공하기도 한다. 중국의 많은 대학과 연구원은 인공지능, 기계 학습, 로봇 공학 등 첨단 기술을 위한 선도적인 국제 커뮤니티에 완전히 통합되고 있다. 이 속에는 국무원 공업정보화부에 소속된 7개 대학과 같은 국방 계열 대학과 군과 관련된 연구 기관까지 포함된다. 그중에서 북경이공대학과 중국 인공지능 협회의 역할이 눈에 띈다. 먼저, 중국 유수의 공과대학 중 하나인 북경이공대학은 중국 방위 산업과 직결되어 있다. 이 대학은 국방과학 기술산업위원회가 공업정보화부로 통합된 2008년까지 감독했다. 2012년 6월에는 군과 북경이공대학이 '전략적 협력 계약'을 체결했다고 보도한 적이 있다.

북경이공대학은 인공지능 및 로봇 공학 관련 기술에 대한 중국의 주요 연구에서 핵심 역할을 하고 있다. 이면에는 이 대학이 주요 국방 기관의 호스트 역할을 하기도 한다. 예를 들어 이 대학은 중국군의 무인 체계 전문 위원회를 주최한다. 이 위원회에는 국방대학 소속 연구원, 방위 산업 관련 회원, 군 관련 연구기관 및 대학 연구원, 인공지능협회 책임자 등이 포함된다. 대학의 국방 관련 성향에도 불구하고, 인공지능 및 로봇 관련 글로벌 학술 연구 개발에도 깊이 관여하고 있다. 컴퓨터 공학부에 전 세계적으로 제휴된 최소 3개의 연구 기관을 보유하고 있다. 각 연구 센터는 인공지능 및 관련 고급 컴퓨팅에 적용 가능한 기술을 연구하는 것으로 보인다. 이 연구 센터들은 언어 정보 처리 공동 연구실, 신경 정보학 공동 연구 센터, 고성능 네트워킹 연구소로 식별된다. 북경이공대학은 또한 글로벌 민간 산업 및 학계와 중요한 관계를 유지하고 있다. 이 속에는 미국의 마이크로 소프트, IBM, 인텔, SAP 등과 같은 인공지능 및 고급 컴퓨팅의 글로벌 리더가 포함된다. 그리고 중국인공지능협회도 북경이공대학과 마찬가지로 표면상 민간 학술 기관이다. 그러나 그 수장을 비롯한 많은 회원들이 군과 국방 관련 인공지능 커뮤니티와 직접적인 연결을 유지하고 있다고 알려져 있다.

다섯째, 전략적으로 인재를 채용해서 기술을 획득하는 방법이다. 중국은 다양한 인센티브를 사용해 외국인 인력을 전략적 프로그램으로 관리하고 기술 지식 격차를 메운다. 이는 우선순위가 높은 기술에 대한 첨단 노하우를 보유한 개인을 체계적으로 모집하는 전략이다. 외국에 거주하는 중국 동포, 중국에서 친숙한 유대 또는 애정 관계가 있는 사람, 최근 중국으로 이주한 사람, 중국이 과학 및 기술 현대화에 필요하다고 생각하는 외국인 전문가 등을 모집한다. 이 채용은 학계 및 민간 산업 내의 거의 모든 기업이 포함된다. 중국의 인재 채용은 수십 개의 국가 및 지역 수준 프로그램을 통해 이루어진다. 각 프로그램에는 자체 광고, 심사 및 채용 프로세스가 있다. 그리고 각 채용 계획에는 중국에서 정규직 또는 시간제여야 하는지나, 계약 기간, 금전적 보상 및 기타 혜택 금액에 대한 자체 지침이 있다. 인재를 채용하는 다양한 루트가 존재하는데도 여러 가지 일관성이 있다는 것은 중앙에서 통제되고 있음을 의미한다.

심양 자동화 연구소는 특정 기술 노하우를 보유한 개인을 모집하는데 적극적으로 참여하고 있다. 미국 주재 중국 대사관 교육 사무국은 연구소의 모집 공고를 게시한다. 여기에는 연구소의 목표와 기술 요구사항에 대한 구체적인 지침을 제공한다. 공고에는 잠수정, 우주 자동화, 광학 정보 기술, 산업 제어 네트워크 시스템 등과 같이 모집에 필요한 기술 분야 목록이 나와 있다. 그리고 채용 메커니즘과 재정적 인센티브에 대해 자세히 설명한다. 제공되는 세 가지 채용 프로그램에는 천인계획, 중국과학원 100 인재 프로그램, 심양 자동화 연구소 100 인재 프로그램이 있다. 이러한 각 프로그램은 첨단 기술에서 입증된 실적을 가진 개인에게 중국 정부로부터 상당한 수준의 자금이 제공된다. 최대 금액으로 1,000만 위안(약 150만 달러)의 자금을 제공할 수 있다고 명시하고 있다.

중국과학원 부설 기관인 심양 자동화 연구소는 중국 정부 및 방위 산업과 밀접하게 연결되어 있다. 그 사명은 '사회, 경제 및 국가 안보에 상당한 기여'를 하는 것이다. 연구소는 국내 역할 외에도 글로벌 연구개발 네트워크에서 활발히 활동하고 있다. 1985년부터 미국, 러시아, 일본 및 다양한 유럽 국가의 대학, 연구 기관 및 첨단 기술 기업과 교류와 협력 프로그램을 구축했다. 매년 100명 가까운 연구원들이 다양한 교류 활동에 참여하기 위해 해외 출장을 간다.

마지막으로, 전통적 첩보 활동을 통해 기술을 습득한다. 중국이 인공지능 연구에 참여하는 미국 기업의 네트워크를 직접 감시하거나 침투하는지는 불분명하다. 그러나 분명한 것은 중국의 스파이 활동이 수출 통제 위반 음모나 사이버 스파이 활동의 형태로 지속하고 있다는 것이다. 중국은 사이버 공격을 통해 인공지능 혁신을 위한 미래 플랫폼이 될 수 있는 무인 시스템을 포함해 민감한 기술에 대한 많은 양의 데이터를 축적한 것으로 알려져 있다.

최근에도 중국은 다양한 불법적 수단을 통해 외국 기술과 지식을 획득해 국가 과학 기술과 산업 현대화를 계속 보완했다. 중국은 인공지능, 로봇 공학, 자율주행 차량, 양자 정보 과학, 증강 및 가상 현실, 금융 기술, 생명 공학 등 미래의 민간 및 국방 혁신의 기초가 될 기술에 투자하고, 이를 획득하기 위해 노력하고 있다. 2015년 이후 미국의 여러 형사 기소 및 제재 관련 사건에는 중국 국적자, 귀화한 미국 시민 또는 중국에서 온 영주권자, 미국 시민이 통제 품목을 조달해 중국으로 수출하는 내용이 포함되어 있다. 민감한 이중 용도 또는 군용 등급 장비를 획득하려는 중국의 노력에는 해양 기술, 우주 통신, 군사 통신 재밍 장비, 동적 랜덤 액세스 메모리, 항공 기술 등이 포함된다.

미국 수출 통제 시스템은 생각보다 취약한 편이다. 미국 수출 통제 시스템이 기대하는 바는 수출 신청자, 대상국의 최종 사용자, 기술 용도에 대한 진술서가 진실인 것이다. 그러나 중국의 법률과 민군 융합 발전 전략에 따르면, 민간용 수출은 수출업자가 알지 못하는 사이에 군용으로 전용될 수 있다. 중국의 국가 정보법 및 국가보안법은 외국 수입 기술을 정부에 양도하도록 강제할 수 있는 법적 권한을 제공한다. 때로는 중국 수입자가 최종 사용자와 최종 용도에 대해 수출업자를 노골적으로 속이기도 한다. 예를 들어 2012년 한 미국 방산 업체는 방산 기술을 중국에 수출한 혐의로 무기 수출 통제법을 위반했다. 이 기술은 중국군 최초의 현대식 중형 공격 헬리콥터 WZ-10 개발과 관련된 것이었다. 법무부 보도 자료에 따르면, 중국은 서방의 지원을 확보하기 위해 이 개발을 민간 중형 헬리콥터 프로그램으로 가장했다. 미국 수출 회사는 중국의 WZ-10 프로젝트에 미국산 부품을 공급하는 것이 불법이라는 것을 알고 있었지만, 중국 수입업체는 군용 버전과 병행해 민간 버전의 헬리콥터를 개발하고 있다고 주장했다. 중국에서 훨씬 더 수익성 있는 민간 헬리콥터 시장이 열릴 것이라고 기대한 미국 회사는 의도적으로 WZ-10 프로젝트를 무시했다. 이 회사는 WZ-10에 대한 수출이 미국 수출 허가가 필요한 국방 품목에 해당하지 않는다고 자체적으로 결정하고 수출했다.

2020년에만 미 연방수사국(FBI)은 약 10시간마다 새로운 중국 관련 방첩 소송 재판을 열었다고 한다. 연방수사국(FBI) 국장인 크리스토퍼 레이(Christopher Wray)는 "2020년 진행 중인 연방수사국(FBI)의 방첩 사건 약 5,000건 중 거의 절반이 중국과 관련이 있다"라고도 말했다. 최근 주요 사건들을 살펴보면 다음과 같다. 2020년 9월에는 한 중국인이 미국 해상 침투 선박과 엔진을 중국에 수출하기 위해 공모한 혐의로 유죄를 선고받았다. 이 장비는 잠수함에서 침투하거나 항공기로 바다에

떨어뜨려야 하는 상황에 필요하다. 중국에서는 비교할 만한 엔진이 없다. 2020년 6월에는 중국에 수출 통제 무전기를 보내려던 중국인이 연방 구금 36개월을 선고받았다. 이는 국가안보국의 극비유선 및 데이터 통신 인증을 받아 방산 품목으로 지정된 것이었다. 2019년 10월, 군사 및 우주 등급 기술을 중국으로 불법 수출한 혐의로 한 중국인이 40개월 형을 선고받았다. 이 기술은 군사 및 우주 응용 분야에 사용되는 방사선 강화 전력 증폭기(Radiation-hardened Power Amplifiers)와 감시 회로(Supervisory Circuits)였다. 2019년 11월, 미국 연방 대배심은 영상 과학자로 일했던 중국인을 경제 스파이 행위 및 영업 비밀 도용 혐의로 기소했다. 2017년 연방 관리들은 그가 미국이 독점적으로 가지고 있던 알고리즘을 가지고 중국행 비행기에 탑승하는 것을 막았다. 2018년 12월, 미국 법무부는 APT10(Advanced Persistent Threat 10)으로 알려진 중국에서 활동하는 해킹 그룹과 관련된 2명의 중국인을 컴퓨터 침입 음모, 유선 사기 음모 및 가중된 신원 도용 혐의로 기소했다. 그들은 중국 국가 안보부와 연계한 중국 회사에서 컴퓨터 침입을 수행하기 위해 일했다. 그 결과 항공, 우주 및 위성 기술, 제약 기술, 석유 및 가스 탐사 및 생산 기술, 통신 기술, 컴퓨터 프로세서 기술, 해양 기술과 관련된 수백 기가바이트의 민감한 데이터가 도난당했다. 2018년 11월에는 미국에 거주하는 중국인이 중국 정부와 중국군에게 군사용 기기를 수출하려는 공모 혐의로 기소됐다. 여기에는 원격으로 작동되는 측면 스캔 소나 시스템, 수중 청음기, 무인 잠수정 및 무인 수상선이 포함됐다. 2018년 10월에는 중국 국가안전보위부 정보 책임자 그룹, 관련 사이버 행위자 및 기타 공모자들이 상업용 항공기에 사용되는 터보팬 엔진과 관련된 민감한 기술 정보를 훔치기 위해 공모한 혐의로 기소됐다. 사이버 침입 당시 중국 국영 기업은 항공기에 사용할 유사한 엔진을 개발하고 있었다. 2018년 10월에 국가안전보위부 장교는 미국 주요 항공 회사들로부터 첨단 통신 시스템, 제트 엔진 및 항공기 추진, 주요 기관의 엔진 격리 구조와 관련된 민간 및 군용 항공기 기술의 영업 비밀과 관련된 경제 스파이 혐의로 체포되어 기소됐다. 또한, 이 장교는 학술 발표를 가장한 명목으로 업계 전문가를 모집했다. 그는 이러한 전문가들에게 금전적 보상 및 기타 형태의 보상을 제공하기도 했다. 2018년 9월, 중국의 국영 대기업은 미국 반도체 회사의 영업 비밀을 절도, 양도 및 소유함으로써 경제 스파이 활동을 하는 음모에 연루됐다. 미국 회사는 반도체 산업의 글로벌 리더이며 디램(DRAM)을 전문으로 한다. 중국은 디램 개발을 국가 우선 기술 개발 목록으로 지정한 바 있다. 2014년 5월, 미국 법무부는 상업적 이득을 위해 미국 기업의 네트워크를 해킹한 혐의로 중국군 장교 5명을 기소했다. 중국은 중국 정부와 군부가 사이버 스파이 활동에 가담하지 않고 있으며, 미국이 혐의를 날조했다고 주장했다.

06

전략적 역설 상황

미국과 중국은 첨단 기술을 연구, 개발 및 획득하기 위한 장기적인 경쟁에서 '전략적 역설' 상황에 직면해 있다. 먼저, 상업적 측면에서 첨단 기술에 관한 양국의 연구 개발은 이제 긴밀하게 통합되어 각 국가의 소비자 시장에 엄청난 상호 이익을 제공하고 있다. 단순히 완제품의 무역 파트너가 아니라 각국의 주요 상업 주체가 점점 더 국경을 초월한 인재와 시장 접근을 추구하고, 심지어 다른 국가의 국경 내에서도 연구를 수행하는 상황인 것이다. 중국의 과학 기술 기획자들은 이 얽힌 관계에 특히 열광하고 있다. 미국과 다른 서방 과학 기술 지도자들도 상업적 측면에서 중국으로 유입되는 인재와 기술의 증가를 공개적으로 옹호한다. 그러나 안보적인 측면에서는 다르다. 각국의 국가 안보 입안자들은 여전히 서로를 잠재적인 적으로 간주하고 있다. 이러한 역동성은 국가 전략 경쟁을 촉진하고, 각 국가의 국방 계획의 적극적인 수립에서 나타난다. 정리하자면 상업적 측면에서는 '프렌드(Friend)'이면서 안보적 측면에서는 '에너미(Enermy)'인 '프레너미(Frenemy)' 상황에 처해 있는 것이다.

현재의 안보적 상황은 소련과의 냉전 시대와는 완전히 다르다. 소련과 냉전 기간에 미국과 소련 사이의 기술, 능력 및 투자 이전을 크게 가로막는 장벽이 존재했다. 다자간 수출 통제 체제 및 기타 규정은 공산국가에 대한 전략적 원료 및 기술의 판매를 통제했다. 즉 서방 블록 국가와 소련 블록 국가 간의 상호 작용을 효과적으로 차단했다. 양측은 상대방의 연구 개발 성과에 대한 정보를 수집하기 위해 공개적이고 은밀한 활동을 추구했지만, 기술 흐름을 크게 제한했다. 이와는 대조적으로 오늘날의 미국과 중국의 관계는 양국의 상업 산업과 학계가 긴밀하게 융합하고 기술, 인재, 자금 조달의 엄청난 유동성을 보인다. 인공지능과 같은 신기술은 양국이 완전히 통합된 시설에서 연구되기도 한다. 각 국가가 민감한 군사 프로젝트를 보호하고 있다. 그러나 미국 기업과 중국 방위 산업과 관련된 중국 학계 사이에는 여전히 상당한 유동성이 있는 것이 현실이다.

이러한 상황이 유지될 수밖에 없는 이유는 미국과 중국이 혁신을 육성하는 방식이 근본적으로 다르기 때문이다. 미국의 경우 경제적 수익을 추구하는 개인 투자자가 첨단 기술에 대한 상업 시장을 주도한다. 정부는 입법 및 집행 조치를 통해 혁신을 장려하기 위해 노력하지만, 대통령이 상업 부문에 대해 혁신 목표를 설정하는 국가는 없다. 이 격차를 줄이기 위한 시도로 제3차 상쇄 전략이 나왔다. 현재 실리콘 밸리와 같은 일반 기업에서 주로 개발한 인공지능 및 첨단 기술을 활용해 미국의 국방 기술이 우위를 유지하도록 설계됐다. 이와는 대조적으로 중국의 과학 기술 계획은 상업 및 국방 영역에 걸쳐 있으며, 일련의 연동 계획 문서는 국가가 작성한다. 국가 전체에 대한 목표 지향적인 계획 프로세스는 중앙 계획 경제의 오랜 역사에서 비롯된다. 현재 시장의 가장 좋은 부분을 활용함으로써 상업 및 국방 과학 기술 개발을 확고하게 이끄는 것을 목표로 한다.

PART 05

미래의 중국 국방

01

경제 정책 방향과 국방력

중국의 경제 발전은 더 큰 국방 예산을 위한 수단을 제공해 군사 현대화를 뒷받침한다. 또한, 기술, 정치, 사회 및 안보 발전 노력과 맞물려 우호적인 국제 및 지역 환경을 형성하려는 중국의 전략을 상호 강화하고 지원한다. 당은 경제 발전을 중심과제로 삼고, 중국의 경제체제를 국가 전체의 정치·사회적 현대화 수단으로 삼고 있다. 특히 중국의 경제 전략은 당이 '국가의 생산력'이라고 부르는 것을 발전시키는 데 집중한다. 여기에는 산업, 기술, 기반 시설, 인적 자본 등이 여기에 해당한다. 그것은 세계 수준의 군대 건설을 포함해 국가의 정치적, 사회적 현대성을 달성하는 수단으로 간주한다. 중국의 국가 산업 및 기술 기반을 성장시키려는 당의 끊임없는 노력은 중국의 글로벌 경제 파트너에게도 중요한 의미가 있다.

2013년에 처음 발표된 중국의 일대일로 구상은 시 주석이 추진한 대표적인 대외 경제 정책이다. 중국은 일대일로를 사용해 주변 국가 및 그 밖의 국가와의 발전을 지원하고 경제적 통합을 심화한다. 중국은 전 세계적으로 교통 인프라, 천연가스 파이프라인, 수력 발전 프로젝트, 디지털 연결, 기술 및 산업 단지에 대한 자금 조달, 건설 및 개발을 통해 일대일로를 구현한다. 중국 지도자들은 일대일로의 경제적 이점을 선전하고, 외국 파트너를 초대해 참여한 국가에 부와 번영을 약속했다. 2019년에는 140개 국가가 일대일로 협력문서에 서명했다. 일대일로 관련 지출은 포괄적인 프로젝트 목록이 없으므로 추정하기 어렵다. 2017년 중국 공산당 헌법에 공식적으로 중국의 대표적인 외교 정책 이니셔티브로 채택됐다. 공개 보고에 따르면, 추정된 일대일 대출이 2016~2017년에 정점을 찍고 꾸준히 감소하고 있다.

중국은 일대일로를 통해 영토 보존 강화, 에너지 안보 강화, 국제적 영향력 확대를 포함한 다양한 목표를 추구한다. 당은 중국의 안보와 발전이익을 보완적인 것으로 보고, 일대일로를 활용해 중국 서부 및 남부 주변 지역에 투자해 국경을 따라 위협을 줄인다. 마찬가지로 파키스탄의 파이프라인 및 항구 건설과 관련된 일대일로 프로젝트는 말라카 해협과 같은 전략적 요충지를 통한 에너지 자원 수송 의존도를 낮추려고 한다. 2020년 초 코로나19가 발생한 후에도 일대일로를 계속 발전시켰고, 동시에 전염병 확산 방지를 새롭게 강조했다. 중국은 전염병 지원의 상당 부분을 건강 실크로드의 일부로 틀을 잡고, 의료 장비 및 기술에 대한 자금을 다양한 국가에 제공했다.

일대일로를 통해 얻은 경제적 영향력을 사용해 중국은 참여 국가들이 중국의 우선순위와 목표와 관련된 다양한 문제에 대해 지원하도록 장려한다. 일대일로는 중국 국유 기업이 시멘트, 철강 및 건설 부문에서 초과 생산 능력을 소비할 수 있도록 돕고, 국유 은행의 투자 기회를 창출한다. 대부분의 일대일로에 참여하는 국가는 포괄적인 위험을 평가하는 데 필요한 전문 지식이 부족하다. 중국은 군사, 정보, 외교 및 경제 도구를 사용해 일대일로의 장기 유지 가능성에 대한 인지된 위협에 대응한다. 일대일로에 참여하는 국가는 약탈적 대출의 대상이 되어 중국 자본에 대한 경제적 의존도가 높아지고, 이를 통해 중국은 지정학적 이익을 추구할 수 있다. 여기에 대해 중국은 숨은 의도에 대한 의심을 줄이기 위해 일대일로에 대한 부정적인 인식을 상쇄하려고 노력했다. 중국 주변부 국가들과 더 긴밀한 경제 통합을 촉진해 이들 국가의 이익이 중국과 일치하도록 함으로써 중국의 접근 방식에 대한 비판을 무디게 했다. 또한, 중국은 파트너 국가의 의견에 더 민감하게 반응하고, 더욱 폭넓은 참여를 열려고 노력했다. 2019년 4월에 베이징에서 열린 제2차 일대일로 포럼에 37개국 정상과 150개국 대표단을 초청했다. 포럼 기간에 중국 지도자들은 부패, 부채 지속 가능성, 환경적 영향, 일대일로와 관련된 중국 공산당의 기본 목표에 대한 비판과 우려에 대응하려고 시도했다. 2020년 이후로는 코로나19의 영향으로 유사한 대규모 행사가 열리지 않고 있다.

일대일로하에서 중국의 해외 개발 및 안보 이익이 확대됨에 따라 당은 이러한 이익을 보호하기 위해 해외 군사 발자국을 확장할 것임을 시사했다. 이는 당이 인식하는 다른 국가의 반발을 유발할 수 있다. 일대일로의 계획된 경제 회랑 중 일부는 폭력, 분리주의, 무력 충돌 및 불안정이 발생하기 쉬운 지역을 포함한다. 이는 일대일로 관련 프로젝트와 해외에서 일하는 중국 교민을 위험에 빠뜨릴 수 있다. 이런 내재한 문제는 중국의 안보 활동 범위가 지역을 넘어 양자 간의 긴밀한 대테러 협력을 가능하도록 했다. 중국은 해외 이익을 보호하기 위해 여러 가지 수단을 동원해 군사력을 해외에 투사하는 능력을 확장하려고 한다.

일대일로 구상의 하위 계획으로 2016년과 2015년에 각각 '우주 정보 회랑 계획'과 '디지털 실크 로드 계획'이 발표됐다. 아마도 우주 정보 회랑의 가장 중요한 요소는 '바이두 위성 항법 체계'일 것이다. 이 시스템은 전 세계 일대일로 인프라와 쌍을 이룬다. 풍운(風雲) 기상 정지 위성, 지상 위성 제어 및 데이터 중계 노드와 같은 다른 시스템도 우주 정보 회랑의 핵심 요소를 구성한다. 2016년 국방백서에 따르면, 강력하고 지속적인 경제 및 사회 발전을 촉진하기 위해 모든 면에서 우주 강국으로 중국을 건설한다고 했다. 그리고 디지털 실크 로드 계획은 중국 중심의 디지털 인프라를 구축하고, 대규모 데이터 저장소에 액세스하는 것을 추구한다. 이는 중국 기술 기업의 확장을 촉진하고 산업 과잉 생산 수출을 가능하게 한다. 또한, 중국은 디지털 실크로드가 국경 간 무역 장벽을 낮추고, 디지털 자유 무역 지대를 통해 전자 상거래를 촉진할 것이라고 기대한다. 이를 통해 지역 물류 센터를 설립함으로써 국제 전자 상거래가 증가하기를 희망한다. 중국 정부는 5G 네트워크와 같은 차세대 셀룰러 네트워크, 광섬유 케이블, 해저 케이블, 데이터 센터를 비롯한 해외 디지털 인프라에 투자하고 있다. 이 계획에는 국내 및 수출용 위성 항법 시스템, 인공지능 및 양자 컴퓨팅을 포함한 고급 기술 개발도 포함된다.

중국 경제 생산량의 상당 부분은 자유 시장 체제가 아닌, 정부 및 정책 지향 투자에서 비롯되어왔다. 1970년대 후반에 시작된 개혁 개방의 목적으로 시장 특징을 부분적으로 채택했고, 이후의 경제 변혁을 촉발했다. 중국은 자유 및 개방 시장으로의 완전한 전환을 피하면서 기본 경제 시스템 내에서 시장 경제 기능을 선택적으로 도입한 것이었다. 이는 경제 발전에 대한 더 큰 국가 통제를 보장할 수 있었다. 그 결과, 중국 내수 시장은 시장 접근 및 외국인 직접 투자 측면에서 외국 기업보다 일반적으로 불리한 법률, 규정 및 정책을 유지할 수 있었다. 주요 법률로는 국가보안법, 대테러법, 사이버 안보법, 정보법, 암호화법 등이 있다. 2015년 7월에 채택된 국가보안법은 국가 안보를 이유로 중국의 정보통신기술 시장에 대한 외국인의 접근을 제한한다. 2015년 12월에 채택된 대테러법의 조항 중 통신 사업자와 인터넷 서비스 제공자는 테러 활동의 예방 및 조사를 수행하는 공공 및 국가 안보 조직에 정보, 암호 해독 및 기타 기술 지원을 제공해야 한다. 2017년 6월에 발효된 사이버 안보법은 국내 기술의 개발을 촉진하고, 중국에서 외국 정보통신기술의 판매를 제한한다. 이 법은 또한 외국 기업이 정부가 관리하는 안보 검토를 위해 정보통신기술을 제출하고, 데이터를 중국에 저장하며, 중국 외부로 데이터를 전송하기 전에 정부 승인을 받도록 요구한다. 2017년 6월에 통과된 정보법에 따라 당국은 국가 안보를 보호하기 위해 국내외 개인과 조직을 감시하고 조사할 수 있다. 특히 당국은 정보 수집 노력을 지원하기 위해 차량, 통신 장치 및 건물을 사용하거나 압수할 수 있다. 2019년 10월에 채택되어 2020년에 발효된 암호화법은 암호화 작업을 하는 기업이 암호화를 위한 충분한 보안을 보장할 수 있는 관리 시스템을 갖추도록 요구한다. 이 법은 상업용 암호화 기술의 개발을 장려하지만, 그 사용이 국가 안보나 공익을 해칠 수는 없다. 이 법은 국가 암호화 관리국과 해당 지역 기관이 암호화 시스템과 해당 시스템에 의해 보호되는 데이터에 대한 완전한 액세스 권한을 갖도록 규정한다. 중국의 불공정한 경제 정책 및 무역 관행의 예로는 외국 기업을 희생시키면서 국내 산업에 대한 지원, 상업적 합작 투자 요구 사항, 기술 이전 요구 사항, 투입 비용을 낮추기 위한 보조금, 여러 산업에서 초과 생산 능력 유지, 외국인 직접 투자에 대한 부문별 제한, 외국인 소유 한도, 데이터 현지화 요구 사항, 차별적인 사이버 안보 및 데이터 전송 규칙, 불충분한 지적 재산권 집행, 불충분한 투명성 및 시장 접근 부족 등으로 정리할 수 있다.

미국의 1974년 무역법 301조는 교역상대국의 불공정한 무역행위로 미국의 무역에 제약이 생기는 경우 광범위한 영역에서 보복할 수 있도록 허용하고 있다. 미국 무역 대표부(USTR)의 조사에 따르면, 기술 이전, 지적 재산권 및 혁신과 관련된 중국 정부의 행위, 정책 및 관행은 미국 경제에 악영향을 준다. 비합리적이거나 차별적이며 미국 상업에 부담을 주거나 제한해 연간 최소 500억 달러의 미국 경제에 피해를 준다. 지적 재산권을 보호하고 불공정한 무역 파트너를 식별하는 미국 무역 대표부의 연례 특별 301조 보고서는 중국을 심각한 지적 재산권 결함이 있는 국가로 반복해서 확인했다. 위조 및 불법 복제에 대한 다른 보고서에서도 중국이 세계 최고의 위조품 및 해적판 출처임을 반복적으로 확인했다. 미국 무역 대표부의 2020년 특별 301조 보고서에는 다음과 같이 나와 있다.

> "중국을 우선 감시 대상 목록에 올린 것은 중국의 기술 이전을 압박하고 강요하는 시스템에 대한 미국의 우려와 지적 재산권 보호 및 집행을 강화하기 위한 근본적인 구조적 변화의 필요성을 반영한다. 여기에는 영업 비밀 도용, 상표 보호 장애, 온라인 불법 복제 및 위조, 위조 제품의 대량 제조 및 수출, 제약 혁신에 대한 장애를 포함한다."

301조 조사와 별도로 미국은 특정 중국 기업들에 대해 제재를 가했다. 이들 기업은 다른 국가에 대한 미국의 제재를 위반했고, 미국 지적 재산을 훔쳤으며, 이중 용도 분야에서 군과 연계했다. 신장 지역의 소수 민족과 종교에 대한 광범위한 탄압과 관련된 감시 기술이 이들 기업으로부터 중국 당국에 제공되기도 했다. 2019년에 화웨이는 중국 정부와 긴밀한 관계, 지적 재산권 절도에 연루, 이란에 대한 제재 회피로 인해 더 많은 조사를 받았다.

2019년 3월, 중국 전국인민대표대회는 새로운 외국인 투자법을 단 3개월 만에 통과시켰다. 목표는 외국 투자자를 위한 비즈니스 환경을 개선하고, 외국 기업과 중국 민간 및 공기업 간 경쟁의 장을 공평하게 한다는 것이다. 이는 동일한 수준의 법안이 일반적으로 몇 년이 걸리는 중국에서 비정상적으로 빠른 변화를 반영한다. 이 법의 신속한 통과는 미·중 무역 협상을 촉진하기 위한 것이며, 지적 재산권, 기술 이전, 그리고 혁신과 관련된 불공정한 중국 무역 관행과 관련해 미국 무역 대표부의 301조 특별 보고서에서 제기한 여러 문제에 대응하는 것으로 보인다. 이 법에서 명시하고 있는 입법 목적에도 불구하고, 그 표현이 모호해 전혀 새롭다고는 볼 수 없다.

중국은 다른 국가와 정치적 긴장이 있는 시기에 목적을 달성하고 중국의 정치적 레드라인을 넘는 정부, 기업 및 개인에게 비용을 부과하기 위해 경제적 강압을 사용하기도 한다. 일반적으로 중국은 목표로 하는 경제 행위자와 활동에 대해 선택적이며, 국내 안정이나 경제 성장에 대한 위험을 최소화하려고 시도한다. 2018년 이후 수입 금지, 투자 제한, 제품 불매 운동, 비용이 많이 드는 조치에 대한 위협 및 실제 부과가 모두 증가했다. 이러한 조치들은 경제적 영향력을 활용해 비용을 부과해 표적 행위자의 행동을 변화시키고 다른 국가, 기업 및 개인들이 비슷한 행동을 하지 않도록 하는 효과가 있다. 예를 들어 2020년 4월에 호주가 중국에 코로나19에 대한 조사를 요청한 직후 중국은 반덤핑 및 규제 우려를 이유로, 호주 육류 가공 공장의 쇠고기 수입을 중단하고, 보리 수출에 80.5%의 관세를 부과했다. 관계가 계속 악화하는 가운데, 같은 해 10월에는 대부분의 호주 석탄 수입을 차단하는 추가 제한을 가했다. 중국 시장에 진출한 민간 기업들도 경제적 강압의 대상이 된다.

2020년 9월, 신장 지역의 강제 노동에 대한 우려를 표명한 스웨덴 의류 회사 H&M은 중국 상무부 대변인과 여러 국영 언론 기관으로부터 심한 비판을 받았다. 2021년 초에는 중국 내에서 H&M 제품에 대한 광범위한 불매 운동이 일어났다.

중국은 지난 10년 동안에만 12개 이상의 국가에 대해 무역 제한 조치를 시행했다. 최근 들어 중국의 이러한 경제적 강압 사용을 확대했다. 경제적 강압의 첫 번째 주요 사례 중 하나는 2010년 중국 인권 운동가 류샤오보(劉曉波)가 노벨 평화상을 수상한 후 중국이 노르웨이 연어 수입을 금지한 것이다. 2016년 달라이 라마(Dalai Lama)가 몽골을 방문한 후 중국은 주요 지원 대출에 대한 협상을 중단해 몽골의 재정 문제를 악화시키고, 국제통화기금(IMF)에 구제금융을 요청하게 했다. 또한, 중국은 몽골 광산 제품 수입에 대한 수수료를 인상하고 국경을 일시적으로 폐쇄했다. 2017년 중국은 미국이 고고도 미사일 방어(THAAD) 체계를 자국 영토 내에 배치하는 것을 한국에 재검토하도록 촉구하기 위해 경제 및 외교적 압력을 이용했다.

중국의 최근 경제 정책은 국내 산업 강화에 중점을 둔 혁신을 촉진하면서 외국 기업에 대한 추가 제한을 가했다. 외국 기업은 중국의 인바운드 투자 관리로 인해 시장 접근에 대한 상당한 법적 및 규제적 제한에 계속 직면하고 있다. 중국 공산당은 제14차 5개년 계획(2021~2025년)을 발표하면서 '쌍순환(双循环)'의 새로운 발전 패턴으로의 전환을 발표했다. 쌍순환은 경제 성장의 동인으로서 국내 소비를 가속하고 고급 제조로 전환하며, 중요한 고급 글로벌 공급망을 따라 '핵심 기술의 돌파구'를 만드는 데 중점을 둔다. 중국의 발전 및 안보 목표를 지원하기 위해 핵심 기술에 대한 외국인 투자를 상호 강화하는 것을 강조한다. 이는 국내 기술 혁신을 추진하는 데 필요한 자본과 기술을 제공하기 위한 것이다. 2021년 1월, 시 주석은 제5차 전체회의 연구 및 이행에 관한 세미나에서 연설을 통해 이 새로운 발전 패턴을 중국의 "지속 가능성, 경쟁력, 발전 역량의 향상이다"라고 설명했다. 중국제조 2025와 일대일로와 같은 일부 계획이 중국의 의도에 대한 우려를 불러일으켰음을 중국 지도자들은 인식했다. 그런데도 근본적인 전략적 목표를 변경하지 않고, 대외적으로 이와 같은 새로운 전략을 추진하는 모습을 보이려고 하는 것 같다. 새로운 경제 패턴 속의 핵심 기술의 돌파구는 중국의 미래 국방력 건설에도 상당한 영향력을 미칠 것이다.

02

더 많은 자원 할당이 필요한 국방력

적절한 자금에 대한 접근을 확보하는 것은 성장하는 기술 영역에서 추진력을 유지하고, 국산화를 촉진하려는 중국의 국방 과학 기술 개발에 가장 큰 과제 중 하나다. 국방 과학 기술 지출에 대한 예산은 계속 증가하고 있지만, 경제 성장이 둔화하면서 성장률은 점차 감소했다. 참고로 2021년 성장률은 2020년도 기저효과라고 볼 수 있다. 그런데도 당은 향후 10년 동안 국방 지출을 꾸준히 늘릴 수 있는 정치적 의지와 재정적 힘을 가지고 있다. 이것은 군의 현대화를 지원하고, 민군 융합 방위 산업을 발전시키며, 국방 응용 프로그램과 함께 새로운 기술을 탐색하는 데 도움이 될 것이다. 중국은 민군 이중 용도 기술, 해외 기술 및 전문 지식 획득 등 다양한 핵심 기술을 국내 국방 투자, 국내 방위 산업 발전, 성장하는 연구 개발 및 과학 기술 기반, 민군 융합 전략을 접합시켜 군의 현대화를 지원할 것이다.

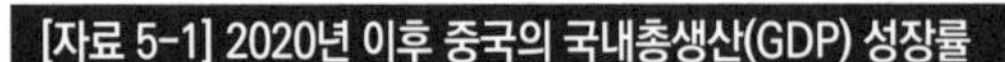

[자료 5-1] 2020년 이후 중국의 국내총생산(GDP) 성장률

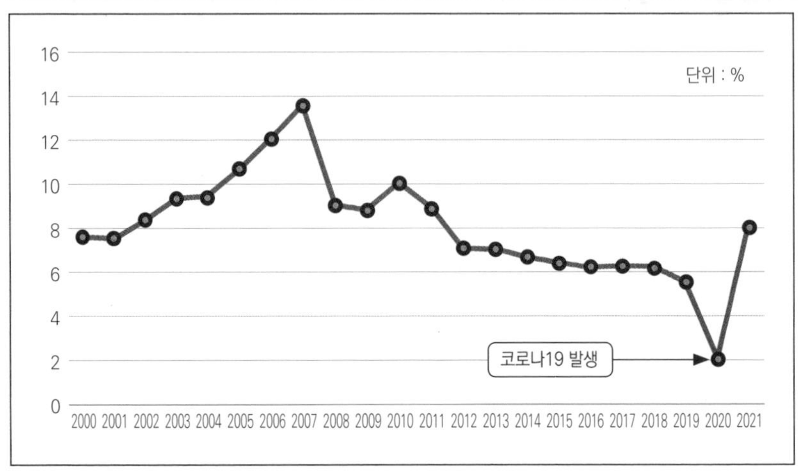

SOURCE : World Bank

높은 경제 성장률을 바탕으로 중국은 가까운 미래에 미국과의 국방비 지출 격차를 좁힐 것이다. 그러나 비용 곡선 상승으로 수익 체감에 직면할 가능성이 크다. 여러 연구를 종합하면, 선박과 무기체계의 비용은 인플레이션보다 빠르게 상승하는 경향이 있으며, 전력 감소를 피하려면 지속적인 지출 증가가 필요하다. 중국의 국방비 인상은 인플레이션을 감안해 국내총생산(GDP) 성장률을 추월했으며, 여러 외부 평가에서는 중국이 가까운 장래에 높은 수준의 군사 현대화에 자금을 조달할 수 있어야 한다고 지적했다.

경제 성장이 계속해서 둔화한다면 국방 부문에 대한 충분한 자금 조달을 보장하는 중국의 능력이 점점 더 어려워질 수도 있다. 이러한 추세를 완화하기 위해 방위 산업 기반에 자본 시장을 적극적으로 활용하도록 독려하고 있다. 주요 계획은 자산유동화증권(ABS)을 사용하는 것이다. 이는 무기 프로젝트를 지원하기 위해 특수 목적 증권을 발행함으로써 방산 기업이 자금을 조달하는 방식이다. 이 계획은 2013년에 시작됐으며, 중국의 항공공업공사의 자산 유동화 비율이 60%로 앞서고 있다. 주요 방산 대기업의 평균 자산 유동화 비율은 대략 33%에 도달했다.

중국군의 장기 목표는 현대적인 능력에 대한 군의 요구를 충족할 수 있고, 강력한 민간 산업과 융합된 완전히 자립적인 방위 산업 기반을 만드는 것이다. 그러나 군은 미국과 단기적인 능력 격차를 메우고, 현대화를 가속하기 위해 여전히 외국 장비, 기술 및 지식을 수입하려고 한다. 중국은 외국인 직접 투자, 상업적 합작 투자, 인수합병, 학술 교류, 중국 학생과 연구원이 외국에서 공부함으로써 얻는 외국 경험, 국가가 후원하는 산업 및 기술 스파이 활동, 수출 통제 조작 등을 활용한다. 이는 국방 연구, 개발 및 획득을 지원하는 데 사용할 수 있는 기술 및 전문 지식의 수준을 높이기 위해 이중 용도 기술을 불법적으로 전용하는 것이다. 이러한 추세는 향후 국방비 증액이 제한될수록 다양한 루트를 통해 기술을 입수하려는 중국의 노력이 커질 것으로 보인다.

03

중국의 장거리 미사일 기술 발전과 방향

현재 중국은 미국의 미사일 방어체계를 무력화할 수 있는 충분한 수의 탄도 및 순항미사일을 보유하고 있다. 여기에 순항미사일의 속도 증가와 탄도미사일 침투 보조 장치의 첨단화를 고려한다면 더욱 위협적이다. 그리고 중국은 대함미사일 및 순항미사일 수와 발사 가능한 선박의 수에서 선두를 달리고 있어 수상함 간의 소모전에서 우세하다고 볼 수 있다. 비용 관점에서 중국의 공격 미사일 획득과 미국의 미사일 방어 시스템 획득 사이의 비용 비율은 미사일을 획득하는 중국에 유리하다. 이는 미국이 공격·방어 미사일 경쟁에서 중국에 뒤처져 있음을 의미한다. 전 미국 북부 사령관이었던 윌리엄 고트니(Bill E. Gortney) 제독은 이렇게 말했다.

> "탄도미사일 방어(BMD)에 관해서는 우리는 비용 곡선의 반대편에 있다. 우리는 아주 값비싼 로켓으로 아주 값싼 로켓에 발사하고 있다."

그리고 중국의 A2/AD 능력의 개발 및 확산 역시 상당한 비용을 부과하고 있다. 중국은 재래식 탄도미사일을 개발하고 배치함으로써 미국은 기반 시설을 강화해야 하고 분산해야 하는 과제를 안게 됐다. 현재 중국이 가진 재래식 탄도미사일은 일본과 그 밖의 지역에 있는 미국 공군 기지를 위험에 빠뜨리기 충분한 범위와 정확도를 가진다. DF-21D 및 DF-26 대함 탄도미사일(ASBM)이 좋은 예다.

현재 미국의 미사일 방어 시스템은 중국의 고속 기동성 미사일에 적절히 대응할 수 있는 기술적 정교함이 부족하다. 분석에 따르면, 미국의 탄도미사일에 대한 미사일 방어체계는 정확성, 발사 속도, 그리고 전체 재고가 부족해 기만을 위한 전자 장비가 장착된 정교한 미사일을 대량으로 처리할 수 없다. 여기에 더해 중국의 대함 순항미사일도 미국의 수상함들에 수많은 과제를 제시한다. 그들은 수면에서 불과 몇 미터 위를 훑으며 기동하기 때문에 방공 레이더에서 탐지 제한 문제와 더불어 방공미사일의 최소 수직 범위 아래에 있다. 그리고 일부 중국 대함 순항미사일은 초음속으로 목표물에 접근하면서 방어를 회피하기 위해 중력가속도 10G 회전을 할 수 있다. 이것이 미 대공미사일을 회피하면 미 해군 함정에 배치된 근접 방어체계인 팔랑크스(Phalanx) 근접무기체계(CIWS) 20mm 대포 지점 방어 시스템은 초음속으로 회피 기동을 수행하는 미사일을 효과적으로 추적할 수 없다.

중국의 대함 순항미사일(ASCM)과 발사 가능한 지원 선박의 수가 미국을 앞선다. 중국은 미사일에서 손실을 보더라도 여전히 승리할 수 있는 능력이 있는 것이다. 2012년 연구에 따르면, 미국과 중국 해군이 충돌할 때 미국 태평양 함대에서 온 50척의 선박은 85척의 중국 선박과 마주할 가능성이 크다. 양쪽 모두 대함 순항미사일(ASCM)을 탑재하고 있다. 그리고 2010년 연구에 따르면, 미국 태평양 함대는 280발의 하푼(Harpoon) 대함 순항미사일(ASCM)을 가지고 있다. 이는 중국 보유량의 약 40% 수준이다. 대함 순항미사일(ASCM)의 가용성을 더욱 제한하는 것은 미국 선박은 항공 모함을 보호하기 위한 방어 임무와 중국 선박을 침몰시키는 공격 임무로 양분해야 한다는 것이다.

[자료 5-2] 팔랑크스 근접무기체계(CIWS)와 하푼 대함 순항미사일(ASCM)

SOURCE : Naval News, Defense News

현실적으로 탄도미사일과 순항미사일의 일제 사격을 포함하는 중국의 통합 공격 상황에서 미국의 미사일 방어체계를 압도할 수 있다. 미사일 공격에 성공적으로 대응하려면 공격해오는 미사일마다 여러 발의 요격 무기의 발사가 필요하므로, 무기의 수가 제한된 미국은 모든 미사일과 교전하기도 전에 탄약이 고갈될 것이다. 미사일 방어에 대한 미국의 노력은 중국 미사일의 사거리와 비교할 때 상대적으로 짧은 미국의 대공 및 미사일 방어 범위로 인해 더욱 복잡하다. 중국 탄도미사일은 대부분의 미국 공격 플랫폼의 범위를 벗어난 중국 영토 내에서 발사될 수 있다.

중국의 탄도미사일, 순항미사일, 극초음속 무기의 개발과 전력화는 미국에 여러 가지 도전과제를 제시한다. 그중에서 특히 중국이 장기적으로 대함미사일을 강조하는 것은 미 국방부가 향후 자원 할당에 어려움을 겪도록 할 것이다. 2011년 이후 미 해군과 공군의 예산은 정체되거나 감소했다. 이러한 상황에서 중국의 장거리 대함미사일 위협에 대응하기 위해서는 필연적으로 다른 영역의 자원 할당을 감소시킬 것이다. 현재 중국이 미국에 재정적 비용을 부과하는 전략을 명시적으로 따르고 있다는 직접적인 증거는 없다.

우선, 미국이 할 수 있는 대응은 기존 무기체계의 개량이 있을 수 있다. 예를 들어 미 해군은 원래 항공기 및 순항미사일 공격에 대한 방어용으로 설계된 SM-6 요격 미사일을 해상 공격 및 탄도미사일 방어(BMD) 능력을 갖추도록 개량했다. 이를 통해 미 해군 수상함은 두 가지 유형의 요격체계를 갖게 됐다. 즉 기존 SM-3 요격 미사일은 중간단계에서 미사일을 요격하고, SM-6은 종말 단계 방어 시스템으로 사용된다. 이를 통해 탄도미사일 공격을 방어할 수 있는 미사일 수를 늘릴 수 있다. 해상 타격 능력을 갖추도록 SM-6 요격 미사일을 수정하면 추가 유연성이 제공된다. 370km 사거리와 마하 3.5의 속도를 통해 하푼 대함 순항미사일(ASCM)보다 더 큰 사거리와 속도로 목표물을 타격할 수 있다. 작은 탄두로 인해 이상적인 대함미사일은 아니지만, 개량된 SM-3 미사일은 미 해군이 부족한 임시적인 능력을 제공한다. 또한, 팔랑크스 근접무기체계(CIWS) 20mm 대포를 순항미사일 요격용 미사일 방어 시스템인 씨램(SeaRAM)으로 교체하고 있다. 씨램(SeaRAM)은 고성능 초음속 순항미사일을 요격할 수 있는 것으로 알려져 있다.

다음으로, 잠재적으로 혁신적인 미사일 방어 시스템 개발을 고려할 수 있다. 여기에는 레이저, 전자기 레일 건(EMRG), 초고속 발사체(HVP)가 포함된다. 레일 건은 전자기 펄스를 사용해 최대 마하 6의 속도와 최대 177km의 사거리로 발사체를 발사한다. 초고속 발사체는 5인치 함포 및 155mm 포에 사용할 수 있는 새로운 형태의 포탄으로 최대 마하 3의 속도에 도달한다.

[자료 5-3] 씨램(SeaRAM) 미사일 방어체계와 전자기 레일 건(EMRG)

SOURCE : Raytheon Missiles & Defense, Military.com

레이저, 전자기 레일 건(EMRG), 초고속 발사체는 모두 미 해군이 가지고 있는 요격 미사일 재고 부족과 비용 문제를 해결하는 데 도움이 된다. 레이저는 회당 1달러 미만의 비용으로 발사할 수 있으며, 선박이 전기를 생산할 수 있는 한 무제한 발사할 수 있다. 레일 건 발사체와 초고속 발사체는 우리 돈 약 3,000만 원(2만 6,000달러)의 단가로 저렴하다. 아직 개발 단계 초기에 완벽하게 작동하는 데 어려움을 겪고 있지만, 이러한 무기체계는 큰 가능성을 지니고 있다. 새로운 무기기술 중 하나라도 성공적으로 개발 및 배치되면, 적의 미사일에 맞서 수상함을 방어하는 게임 체인저로 간주할 수 있다. 이들 중 2~3개가 성공적으로 개발 및 전력화되면, 그 결과는 단순한 게임 체인저가 아니라 혁명으로 간주할 수도 있다고 보인다.

미국과 중국 간의 이와 같은 타격 및 방어 역학은 양국의 군사 현대화 노력을 지배할 중요한 새로운 단계에 접어들었음을 보여준다. 이 경쟁은 새로운 유형의 미사일 방어체계를 개발함으로써 해전에 혁명을 일으킬 수 있다. 또한, 장거리 타격 및 방어 경쟁이 치열해짐에 따라 우주가 상대방에게 거부되어야 하는 영역으로 간주하고 있다. 앞으로 미사일과 우주 영역의 발전은 갈등을 빠르게 확대할 수 있는 불안정한 요소로 작용할 것이다. 중국은 미국의 새로운 게임 체인저의 등장에 따라 더 잘 피하고 파괴력도 있으며, 경제적인 무기체계를 등장시킬 것이다.

04

중국의 미래 대응

현대전에 대한 인식

중국군은 '정보화 전쟁'이라는 용어를 사용해 적과 마찰 중 육지, 바다, 하늘, 우주, 사이버 공간 및 전자기 스펙트럼 영역에 걸쳐 정보를 획득, 전송, 처리 및 사용하는 과정을 설명한다. 이 '정보화'라는 용어는 군대가 디지털 시대에 운용될 수 있도록 변혁되는 과정을 의미한다. 중국군에 있어 이 개념은 각종 문서에서 두드러지게 나타난다. 미군의 네트워크 중심 능력 개념과 대략 유사하다. 다시 말하면, 적에 대해 작전상의 이점을 얻기 위해 첨단 정보 기술 및 통신 시스템을 사용하는 군대의 능력이다. 중국군은 전술적 기회 포착과 빠르고 통합된 노력을 가능하게 하는 전장에 대한 실시간 정보 공유 이점을 강조한다.

2015년에 중국 지도자들은 '해상에서의 전투력'을 강조하면서 '정보화'된 지역 전쟁에서 승리할 수 있도록 지시함으로써 군의 전쟁 유형에 대한 지침을 조정했다. 즉 중국은 향후 전쟁이 주로 국경 밖에서 치러질 것이며, 해양 영역에서의 갈등이 수반될 것으로 보았다. 중국은 최근 업데이트된 '군사 전략 지침'을 통해 이를 공표했다. 이 지침은 중국 지도자들이 전쟁 개념을 정의하고 위협을 평가하며 계획, 전력 태세 및 현대화의 우선순위를 설정하는 데 사용하는 최상위에 있다. 중국의 군사 전략 지침에서는 공세적 항공 작전, 장거리 기동 작전, 우주 및 사이버 작전의 중요성이 커지고 있음을 강조한다.

중국군은 정보를 해양 중심의 디지털 시대 작전을 위한 중요한 조력자로 간주한다. 결과적으로 중국은 모든 작전 도메인을 가로질러 정보, 감시 및 정찰 장비, 군대 구조 및 정보를 처리하는 범용 네트워크의 개발 및 확산에 막대한 투자를 하고 있다. 이러한 영역에는 지휘 및 통제(C2), 포괄적 지원, 다차원 보호, 합동 화력 타격 및 전장 기동 등이 포함된다.

정보화된 군대로의 발전

2015년부터 시작해 현재 진행 중인 군사개혁의 핵심 동인은 현대 하이테크 전장에서 합동 작전 수행 능력을 높이려는 중국의 열망이다. 개혁 이전에는 영구적인 합동 지휘 및 통제(C2) 메커니즘이 존재하지 않았다. 평시에는 작전본부가 자체 부대에 대한 작전 권한을 갖고 있었고, 전시에는 합동 작전을 육군 중심의 군구에서 담당했지만 한 번도 시도되지 않았다. 과거 이 구조는 중국군이 각 군 지향적인 평시 구조에서 즉각적으로 전쟁 준비가 된 합동 구조로 전환해야 했기 때문에 비실용적이었다. 고위 지도자들은 이러한 결점을 인지했고, 시 주석은 2013년 "합동 지휘 통제 체계 구축을 최우선 과제로 삼고, 지휘 통제와 전역 지휘 통제 체계 구축을 미루어서는 안된다"라고 말했다.

결과적으로, 2015년 이후 국가 차원의 군사개혁의 핵심 요소는 중앙군사위원회에서 전역 명령 및 작전 단위에 이르기까지 의사결정을 내리는 합동 작전 지휘 시스템을 만드는 데 중점을 두었다. 이 계획은 중앙군사위원회 아래에 두 개의 명확한 권한 라인을 설정하는 것을 목표로 했다. 각 군은 부대 관리와 관련된 권한을 가지고, 전역 본부가 작전을 지휘할 수 있도록 권한이 부여됐다. 이렇게 되면 전시 상황에서 새로운 지휘 및 통제(C2)를 위한 전시 사령부를 만들 필요가 없게 되는 것이다. 이 시스템은 이론적으로 중국이 전쟁 기반으로 빠르게 전환할 수 있는 능력을 제공한다. 중국 국방부 대변인은 공식적으로 이 개혁이 합동 작전 지휘 구조를 개선해 중국군이 현대적인 분쟁에 맞서 싸울 수 있는 구조를 갖출 수 있도록 했다고 말했다.

시 주석은 중국군이 모든 네트워크를 장악하고 국가의 안보와 발전 이익을 확대할 수 있는 고도로 정보화된 군대를 창설할 것을 촉구했다. 이를 통해 군은 적과 충돌 시 정보를 획득, 전송, 처리 및 사용해 지상, 해상, 공중, 우주, 사이버 공간 및 전자기 스펙트럼 영역에서 합동 군사작전을 수행할 수 있다. 군은 정보화된 지역 전쟁에서 승리하기 위해 군대와 지휘관이 임무와 역할을 보다 효과적으로 수행할 수 있도록 하는 지휘 정보 시스템의 통합을 가속했다.

현재에도 중국은 신속한 의사결정과 정보 공유와 처리의 중요성을 강조하는 현대전의 경향에 대한 대응으로 C4ISR 체계를 현대화하는 데 계속 높은 우선순위를 두고 있다. 점점 더 정교해지는 무기로 중국은 근거리 및 원거리 전장에서 복잡한 합동 작전을 지휘할 수 있도록 기술 능력과 조직 구조를 개선하려고 한다. C4ISR 체계에 관한 기술 개선은 의사결정의 속도와 효율성을 개선하는 동시에 지휘소에 안전하고 신뢰할 수 있는 통신을 제공하는 데 필수적이다.

군은 통합 명령 플랫폼과 같은 고급 자동화 명령 시스템을 군 전체에 전력화하고 있다. 통합 지휘 플랫폼의 도입으로 합동 작전에 필요한 다중 서비스 통신이 가능하다. 도입된 새로운 기술은 지휘관의 상황 인식을 향상하기 위해 강력하고 중복된 통신 네트워크에서 정보를 공유할 수 있게 해준다. 특히 감시 및 정찰 데이터를 현장 지휘관에게 거의 실시간으로 전송하면 지휘관의 의사결정을 용이하게 하고, 작전을 보다 효율적으로 수행할 수 있다. 이러한 기술적 개선 사항이 적용됨에 따라 군의 유연성과 응답성이 크게 향상된다. 정보화된 군의 운영은 더는 명령 의사결정을 위한 대면 회의나 실행을 위한 노동 집약적인 프로세스가 필요하지 않다. 지휘관은 이동 중 동시에 여러 부대에 명령을 내릴 수 있으며, 부대는 디지털 데이터베이스와 명령 자동화 도구를 사용해 신속하게 조처할 수 있다. 개혁과 현대화 노력의 성격은 부분적으로 미국의 합동 지휘 및 통제(C2) 구조와 유사하다. 중국이 우주 및 사이버 공간 영역에서 정보 작전을 담당하는 전담 전략지원군과 함께 해군 및 공군에 더 중점을 둔 합동 지휘 및 통제(C2) 구조를 개발하는 방향은 합동 작전을 보다 효과적으로 수행하기 위함이라 볼 수 있다.

중국군은 2020년 중국과 인도 사이의 국경 교착 상태가 최고조에 달했을 때 서부 히말라야 산맥의 외딴 지역에 광섬유 네트워크를 설치해 더 빠른 통신을 제공하고 외부 고립으로부터 보호를 강화했다. 이로 인해 야전에서는 교차하고 안정적인 통신과 실시간에 가까운 감시 및 정찰 데이터를 사용했다. 빠른 네트워크는 의사결정 프로세스를 간소화하고 대응 시간을 단축하는 데 필수적이다. 합동 작전에 필수적인 교차 통신이 가능하도록 여러 제대에 있는 부대에 통합 지휘 플랫폼도 배치하고 있다. 디지털 데이터베이스와 명령 자동화 도구를 통해 지휘관은 이동 중에 여러 부대에 동시에 명령을 내리고, 부대가 전장의 변화하는 조건에 빠르게 적응하고 있다. 중국은 네트워크로 연결된 기술적으로 진보된 C4ISR 체계가 고정 및 이동 지휘소에 안정적이고 안전한 통신을 제공하는 것이 신속하고 효과적인 다중 계층 의사결정을 가능하게 하는 데 필수적이라 보고 있다. 이러한 시스템은 지휘관의 상황 인식을 향상하기 위해 중복되고 탄력적인 통신 네트워크를 통해 전장 정보, 군수 정보 및 기상 정보 등을 포함한 다양한 정보를 배포하도록 설계됐다.

이 개혁으로부터 오는 지휘 통제 개혁의 핵심 요소는 '합동 작전 지휘센터'다. 이 조직은 모든 군에서 파견된 인원으로 구성된다. 5개 전구 사령부는 군의 전략적 목표를 달성하기 위해 여기에서 조정된다. 합동 작전 지휘 센터는 24시간 감시 기능 수행, 상황 인식 유지, 합동 훈련 관리, 전구 지휘관과 각 군 부대 지휘관 및 부대를 연결하는 통신 허브 제공을 포함해 모든 작전을 책임진다.

중앙군사위원회는 개혁하는 동안 이전 총참모부를 해산하고 여러 산하 부서를 설립했다. 그중 합동참모부는 전투 계획, 지휘 및 통제(C2) 지원, 전략 및 요구 사항 수립을 담당한다. 합동참모부는 동원, 훈련, 행정과 같은 업무는 다른 부서에서 담당하므로 작전 준비와 관련해 효율적인 운영을 지향한다. 합동참모부는 각 군 전반에서 더 많은 대표성을 가지고 있으며, 잠재적으로 합동 운영 계획 및 실행을 향상하고 있는 것으로 알려져 있다.

중국은 정보 작전의 중요성을 인식하고 있다. 정보 작전 중 사이버전과 전자전은 분쟁 초기에 정보 우위를 달성하는 수단으로 간주하고 있으며, 군사 훈련에서도 범위와 빈도를 계속 확대하고 있다. 군은 잠재적인 적의 군사 및 주요 기반 시스템에 대한 지속적인 사이버 스파이 활동 및 공격 위협을 하고 있다. 미국 정부가 소유한 컴퓨터를 포함해 중국은 전 세계의 컴퓨터 시스템을 계속 표적으로 삼고 있다. 이러한 침입은 네트워크 액세스 및 정보 추출에 중점을 둔다. 중국은 사이버 능력을 사용해 미국의 정치, 경제, 학계 및 군사 목표물에 대한 정보 수집을 지원할 뿐만 아니라, 군사적 이점을 얻고 사이버 공격 준비를 위해 방위 산업 기반에서 민감한 정보를 추출한다. 표적 정보는 중국의 국방 첨단 기술 산업에 도움이 되고, 중국의 군사 현대화를 지원하며, 중국 지도부에 미국의 계획과 의도에 대한 통찰력을 제공하고 외교 협상을 가능하게 할 수 있다. 또한, 이를 통해 중국 사이버 부대는 위기 이전 또는 위기 중에 악용될 수 있는 미국 국방 네트워크, 군사 배치, 군수 및 관련 군사 능력의 작전을 알 수 있다. 이러한 침입에 필요한 접근 및 기술은 충돌 이전 또는 도중에 국방부 작전을 저지, 지연, 교란 및 저하하기 위한 시도로 사이버 작전을 수행하는 데 필요한 것과 유사하다. 전체적으로 이러한 사이버 기반 활동은 미국의 군사적 이점을 약화하고, 이러한 이점이 의존하는 기반 시설을 위태롭게 하는 위협이 된다. 이처럼 사이버 전쟁 능력의 개발은 정보 우위를 달성하기 위한 필수 요소이자 더 강력한 적에 대항하기 위한 효과적인 수단이다. 중국은 사이버 공간을 국가 안보의 핵심 영역으로 공개적으로 확인하고, 사이버 세력의 발전을 가속할 의도를 선언했다. 중국은 정교하고 지속적인 사이버 스파이 활동과 군사 및 중요 기반 시스템에 대한 공격 위협을 한다. 초기 단계와 분쟁 전반에 걸쳐 여론을 형성하고, 군사 작전을 방해하기 위한 효과를 창출하려고 한다. 이러한 능력이 군사적으로 우월하지만, 정보 기술에 의존하는 적에 대해 훨씬 더 효과적이라고 믿는다. 결과적으로 중국은 사이버 공격 능력을 향상하고 있으며, 미국에서 천연가스 파이프라인을 며칠에서 몇 주 동안 중단시키는 것과 같은 사이버 공격을 할 수 있는 능력을 갖추고 있다.

중국은 전자전을 현대 전쟁의 필수 구성 요소로 간주하고, 사이버전과 더불어 충돌을 통해 정보 우위를 달성하려고 한다. 전자전 전략은 사이버 및 전자기 스펙트럼을 사용할 수 있는 능력을 보호하면서 적을 전반에 걸쳐 전자 장비를 제압, 저하, 교란 또는 기만하는 것을 강조한다. 중국은 적의 공격 행동을 경고하고 저지하기 위한 신호 메커니즘으로 충돌 초기에 전자전을 사용할 가능성이 크다. 잠재적인 전자전 표적에는 무전기, 레이더, 마이크로파, 적외선 및 광학 주파수 범위에서 작동하는 시스템과 컴퓨터 및 정보 시스템이 포함된다. 중국 전자전 부대는 대항군 훈련 중에 여러 통신 및 레이더 시스템과 GPS 위성 시스템에 대한 전파 방해 및 방해 전파 방지 작전을 수행하기 위해 정기적으로 훈련한다. 이러한 훈련은 작전 부대의 전자전 무기, 장비 및 성능에 대한 이해를 시험하지만, 또한 운용자가 복잡한 전자기 환경에서 효과적으로 작전할 수 있는 능력에 대한 자신감을 향상할 수 있다. 중국군은 이 훈련 동안 전자전 무기의 연구 개발 발전을 시험하고 검증하는 것으로 알려져 있다.

지능화 전쟁에 대한 준비

중국은 모든 수준의 전쟁에서 차세대 전투 능력을 추구하는 '지능화 전쟁'을 준비하고 있다. 이는 인공지능 및 첨단 기술의 확장된 사용이 핵심 내용이다. 군은 정보화된 전쟁에서 싸우고 승리하는 능력을 향상하는 데 계속 집중한다. 미래의 정보 시스템은 자동화, 빅데이터, 사물인터넷, 인공지능 및 클라우드 컴퓨팅과 같은 새로운 기술을 구현해 프로세스 효율성을 향상할 것이다. 중국은 자동화를 개선하고 전투원에게 포괄적인 실시간 그림을 제공하기 위해 다양한 데이터를 융합하는 빅데이터 분석을 수용함으로써 이미 이 프로세스를 시작했다.

2020년 10월, 중국은 현대전이 지능화를 포함하도록 진화하고 있으며, 이 개념을 14차 5개년 계획(2021~2025년)에 통합했다고 발표했다. 중국뿐만 아니라 세계적 추세가 4차 산업혁명과 관련된 첨단 기술이 예상보다 빠르게 전쟁의 미래를 변화시킬 것으로 예상한다. 그 결과 중국의 국방 현대화 계획을 조정해 '기계화, 정보화 및 지능화 개발을 통합'하는 데 중점을 두고 있다. 군은 향후 10년 동안 기계화 및 정보화를 완료하면서 일부 지능화된 기능을 실전에 배치할 것이라고 말했다.

중국 전략가들은 인공지능의 운용이 필요할 것이라고 강조한다. 이러한 신기술이 전장의 불확실성을 줄이고, 미래 전쟁의 속도와 템포를 증가시킬 것이며, 적에 대한 의사결정 이점을 제공할 것이다. 또한, 지능형 전력에 의한 소모전, 현실과 사이버의 교차 영역 전쟁, 인공지능 기반 우주 대결, 인지 통제 작전 등과 같은 지능형 전쟁을 위한 차세대 작전 개념을 연구하고 있다. 그렇게 해서 무인 시스템을 중요한 지능화 기술로 간주하고 무인 항공기, 수상함 및 잠수함에 대한 더 큰 자율성을 추구할 것이다. 이러한 중국의 발전은 유인과 무인을 혼합한 하이브리드 전력, 무인 집단 공격, 최적화된 군수지원 및 세분된 감시 및 정찰 등을 가능하게 만들고 프로세스 효율성을 향상할 것이다.

전략적 초석인 '핵 삼각축' 완성

핵 무력은 국가의 자주권과 안보를 수호하는 전략적 초석이다. 중국의 핵무기 정책은 선제공격에서 살아남고, 적에게 복구 불가능한 피해를 줄 수 있는 충분한 핵전력 유지를 우선시한다. 중국은 보복 공격을 보장할 수 있는 생존 가능한 핵무기를 유지하기 위해 상당한 자원을 투자하고 있다. 그러나 겉으로 중국은 항상 선제 핵무기 사용 금지 정책을 추구하고 자위적 핵전략을 고수해왔다. 그 목적으로 자국에 대한 핵 공격에 대응하기 위해서만 핵무기를 사용하겠다고 밝힌 '선제 사용 금지' 정책을 오랫동안 유지해왔다. 이 정책 속에는 어떤 경우에서도 핵무기를 먼저 사용하지 않을 것이며, 핵보유국이 아니거나 비핵지대에서 핵무기를 사용하지 않을 것을 무조건 약속한다고 명시하고 있다. 그러나 이 '선제 사용 금지' 정책이 적용될 조건에 대해 약간의 모호함이 있다. 핵전력 현대화 프로그램의 범위와 규모에 대한 중국의 투명성 부족은 더 크고, 고성능의 핵전력을 배치함에 따라 향후 의도에 대해 의문을 제기하게 만든다. '억지력'이라는 단어는 또한 최소 억제력과 최대 억제력 사이의 매우 넓은 범위로 설명된다. 중국은 국가 안보에 필요한 최소한의 수준으로 핵 능력을 유지하는 것으로 정의하는 최소한의 억지력을 고수한다고 주장한다. 앞으로 중국은 '대국'에서 '강대국'으로 변화함에 따라 국가 안보 요구 사항이 증가할 것으로 인식한다. 더 큰 국익을 위해 최소 군사력도 증가해야 한다고 생각하는 것으로 보인다.

2020년에 미 국방부는 중국이 200개 이하의 핵탄두 비축량을 가지고 있다고 추정했다. 덧붙여 향후 10년 동안 적어도 2배로 증가할 것으로 예상했다. 중국의 핵 확장 속도가 빨라짐에 따라 중국은 2027년까지 발사 가능한 핵탄두를 최대 700개까지 보유할 수 있다. 한 간행물은 건설 중인 원자로에서 생산할 수 있는 플루토늄의 양까지 고려한다면, 2030년까지 1,000개 이상의 핵탄두를 배치할 수 있다고 밝혔다. 이는 2020년에 미 국방부가 예상했던 속도와 규모를 초과한다. 이러한 발전과 중국의 투명성 부족은 중국이 최소한의 억지력을 구성하는 요건을 변경하고 있다. 더군다나 오랜 기간 지속한 최소한의 무장력을 보유하겠다는 자세에서 벗어날 수 있다는 우려를 불러일으키고 있다.

중국은 이러한 군비 확장을 지원하는 데 필요한 기반 시설을 건설하고 있다. 중국의 산업 능력은 우라늄을 농축하고, 군사적 필요에 따라 플루토늄을 생산하는 능력이 있다. 여기에는 고속 증식로와 재처리 시설을 추가해 플루토늄을 생산하고 분리하는 능력을 높이는 것을 포함한다. 중국핵공업집단공사(中国核工业集团公司)는 3개의 공장에 조직된 여러 우라늄 농축 시설을 운영하고 있다. 아마도 중국은 급증하는 민간 원자력 산업을 지원하기 위해 농축 능력의 대부분을 할애할 것이지만, 군사적 필요를 지원하기 위해 일부 농축 능력을 할당할 수 있다. 플루토늄 생산 원자로는 아마도 1980년대에 가동을 중단했을 것이다. 그러나 중국의 재처리 시설은 사용한 핵연료에서 플루토늄을 추출할 수 있다.

중국은 핵탄두의 비축을 유지하면서 새로운 핵무기에 관한 연구 개발 및 생산을 계속하고 있다. 수십 년이 된 여러 개의 핵탄두가 비축된 상황일 것으로 추정되며, 성능을 유지하기 위해 일상적인 관찰, 유지보수가 필요할 것이다. 중국의 핵무기 설계 및 생산 조직인 중국공정물리연구원(中国工程物理研究院)은 중국의 핵력을 개발하고 유지하는 핵심 조직이다. 수만 명의 직원을 고용하고 있으며, 과학자들은 핵물리학, 재료과학, 전자, 폭발물 및 컴퓨터 모델링을 포함한 핵무기 설계 연구의 모든 측면을 수행할 수 있는 것으로 보인다.

중국은 핵탄두 발사를 포함한 지휘 및 통제(C2), 군수지원 등 모든 측면을 보호하기 위해 강력하고 기술적으로 진보된 '지하 시설 프로그램'을 계속 유지하고 있다. 중국에는 수천 개의 지하 시설이 있으며, 매년 계속해서 더 많이 건설하고 있다. 지하 시설을 활용해 미사일 공격의 영향으로부터 귀중한 자산을 보호하고 적군으로부터 군사 작전을 은폐할 수 있다. 이 정책은 또한 적의 초기 핵 공격에서 살아남기 위해 계획됐을 수 있다. 중국의 군사 지하 시설 프로그램은 1980년대 중후반에 업데이트되고 확장되기 시작했다. 이 현대화 노력은 1991년 걸프 전쟁 중 중국이 미국과 연합군의 항공 작전을 관찰한 후 다시 시급해졌다. 서방의 군사 작전은 중국이 재래식 미사일과 핵 공격의 영향으로부터 군사 자산을 보호하기 위해 지하 시설을 건설해야 한다는 확신을 심어주었다. 앞으로도 중국은 확장하는 군사 전력을 지원하기 위해 지하 시설 프로그램을 계속 개발하고 확장할 것이다.

[자료 5-4] 위성에서 촬영한 티베트 자치구 주변 건설 중인 지하 시설

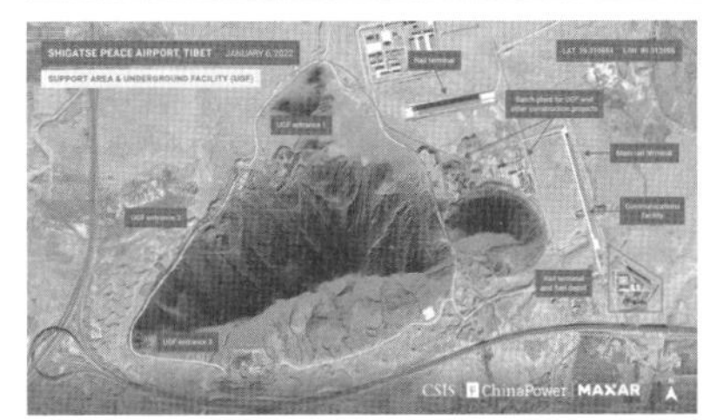

SOURCE : CSIS

중국은 '핵 삼각축'을 가지기 위해 노력해왔다. 핵 삼각축은 지상, 해상, 공중에 분산된 실행 가능한 3대 핵전력, 즉 대륙 간 탄도미사일(ICBM), 잠수함발사 탄도미사일(SLBM), 공중발사 탄도미사일(ALBM)로 구성된다. 지상 기반 핵전력은 다양한 발사 방식을 가진 대륙 간 탄도미사일(ICBM) 이외에 DF-21, DF-26 등 도로이동 탄도미사일로 보완된다. 중국이 가진 대륙 간 탄도미사일(ICBM)은 DF-4, DF-5A/5B, DF-31, DF-31A, DF-31AG, DF-41 등을 포함해 75~100기를 보유하고 있다. 중국은 일부 대륙 간 탄도미사일(ICBM) 부대의 발사대 수를

2배로 늘리고 있는 것으로 보인다. 중국은 수백 개의 새로운 대륙 간 탄도미사일(ICBM) 지하 격납고를 건설하고 있다. 현재 중국은 대규모 지하 격납고 기반 대륙 간 탄도미사일(ICBM) 전력 확장의 정점에 있다고 보인다. 2017년에 중국 국영 언론은 철도 이동 및 지하 격납고 옵션이 DF-41 대륙 간 탄도미사일(ICBM)의 기반 모드로 고려되고 있다고 밝힌 바 있다. 또한, 새로운 DF-5 대륙 간 탄도미사일(ICBM) 지하 격납고가 구축되고 있다는 징후도 있다. 지하 격납고의 생존 가능성을 고려할 때 이 새로운 시설은 중국이 발사 준비태세를 유지하고 있음을 보여준다. 해상 기반 핵전력은 JL-2, JL-3가 잠수함발사 탄도미사일(SLBM)의 핵심 전력이다. 이는 앞서 살펴본 바와 같이 096형 탄도유도탄 잠수함과 같은 첨단 핵추진 잠수함과 결합한다. 공중 기반 핵전력은 2019년 10월 H-6N을 최초로 공개 후 3대 핵전력 완성을 알렸다. 2021년에 H-6N 공군 부대는 핵 임무 수행을 위한 전술과 절차를 개발했을 가능성이 매우 크다. H-6N은 다른 H-6 폭격기와 비교해 공대공 급유 프로브를 가지고 있다는 점과 핵 탄두를 가진 공중발사 탄도미사일(ALBM)을 운반할 수 있도록 외부 동체가 개조됐다는 점이 특징이다. 세부적인 그림은 앞의 [자료 2-19] 내용을 참고 바란다. 향후 10년 동안 중국은 핵무기를 확장하고 다양화할 것이다. 아마도 현재 미국, 러시아에서 개발 중인 탄두 및 운반 플랫폼의 효율성 및 신뢰성을 능가하는 새로운 것들을 중국은 개발하려고 할 것이다.

중국은 대응력을 보장하기 위해 이들 핵전력에 대한 평시 대비태세를 강화하고 있다. 중국군은 적의 선제 미사일 공격 이전의 경고 단계에서 반격하는 '조기 경고 반격(预警反击)' 태세를 구현하고 있다. 우주 및 지상 기반 센서에 의해 경고되는 이 과정에 여러 지휘 및 통제(C2) 조직이 관련되어 있다. 이 태세는 미국 및 러시아의 방어태세와 유사한 것으로 보인다. 중국은 아마도 전력의 일부를 경고 시 발사 태세로 유지하는 것으로 예측된다. 중국은 발사대, 추진체, 탄두가 분리된 평시 상태로 대부분의 핵전력을 유지하는 것이 거의 확실하다. 그러나 핵 및 재래식 미사일 여단은 미사일 배치를 포함하는 전투 준비태세를 유지한다. 부대는 발사준비태세를 갖추도록 하고, 불특정기간 동안 주기적으로 발사하기 위한 대기 자세로 전환하는 훈련을 숙달한다. 이러한 태세는 중국의 능동방어 개념, 선제 사용 금지 정책 등과 일치성을 보인다.

중국은 미래에 이러한 준비태세를 지원할 수 있는 우주 기반 조기 경보 능력을 개발하기 위해 노력하고 있다. 2019년 10월, 러시아는 중국의 미사일 공격 조기 경보 네트워크 개발을 지원할 계획을 발표했다. 여기에는 지상 기반 레이더 개발 지원과 더불어 잠재적으로 우주 기반 센서로의 확장이 포함된다. 중국은 이미 미사일 조기 경보 역할을 지원할 수 있는 여러 지상 기반 대형 위상배열레이더(LPAR)를 보유하고 있다. 최근 중국이 수천 킬로미터까지 탐지할 수 있는 장거리 조기경보 레이더를 산둥성 이위안현 해발 700m 산 정상에 한반도를 향해 설치한 사실이 확인됐다. 다음의 [자료 5-5]는 상업용 위성업체 맥사테크놀로지스(MAXAR Technologies)가 2022년 2월에 촬영해 구글어스에 공개한 사진이다. 미국의 페이브 포스(PAVE PAWS) 경보 레이다 시스템과 모양이 유사함을 알 수 있다.

중국의 군사 문서에서는 조기 경보 시스템을 포함하는 지휘 및 통제(C2) 시스템이 우발적인 핵전쟁의 원인이 될 수 있다고 언급한다. 중국은 자국에 대한 조치는 거의 취하지 않으면서 전략적 안정성을 향상하기 위해 다른 국가들에 경고 시 발사 태세를 포기할 것을 촉구했다. 2020년에는 러시아와 중국은 미사일 및 우주 발사 통지 협정을 갱신했다. 그러나 탄도미사일 비확산 헤이그 행동강령에 가입하거나 우발

[자료 5-5] 중국의 산둥성에 설치된 대형 위상배열레이더(LPAR)

SOURCE : Google Earth

[자료 5-6] 미국의 페이브 포스(PAVE PAWS) 경보 레이더

SOURCE : Picryl, cmano-db.com

적인 핵전쟁의 위험을 줄이기 위해 고안된 양자 신뢰 구축 조치에 참여하는 것을 거부했다. 2020년 코로나19에도 불구하고, 중국은 250발 이상의 탄도미사일을 시험 발사했다. 이 숫자는 2018년과 2019년에 발사된 수를 초과한다.

중국 전략가들은 핵력의 억지 가치를 높이기 위해 '저위력 핵무기'의 필요성을 강조해왔다. 2012년에 중국 군사 문서에서는 새로운 정밀 소형 핵무기가 전쟁 지역에서 경고 및 억제용으로 사용할 수 있다고 언급했다. 이러한 논의는 전장에서 제한된 핵 사용에 대한 교리적 기초를 제공했으며, 중국의 핵 사상가들이 핵전쟁은 통제할 수 없다는 오랜 견해를 재고할 수 있음을 시사한다. 2017년에 발간된 중국의 방위 산업 간행물에 따르면, 전장 및 전술 목표물에 사용하기 위해 부수적 피해를 줄이는 저위력 핵무기가 개발됐다. 이는 미국이 중국의 대만 침공 함대에 대해 저위력 핵무기를 사용할 것이라는 우려가 나오기 시작한 것에서 기인한 것으로 보인다. 중국의 관련 언론에서는 미국의 무기 사용에 대한 적절한 대응 능력을 요구하는 논평을 내놓기도 했다. DF-26은 정밀 타격을 수행할 수 있는 중국 최초의 핵탄두 미사일 체계이므로, 단기간에 저위력 핵무기를 배치할 가능성이 가장 큰 무기체계다.

2020년 4월, 미 국무부의 군비 통제, 비확산, 군축 협정 및 약속 준수에 관한 조사 결과에 따르면, 중국이 2019년 내내 신장 위구르 자치구에 있는 롭누르(罗布泊) 핵무기 실험장에서 높은 수준의 활동을 유지했다. 여기에는 폭발성 격리실 사용, 광범위한 발굴 활동, 핵 실험 활동 등이 포함된다. 중국의 핵 실험 활동에 대한 투명성 부족으로 인해 미국, 영국, 프랑스는 핵무기 실험 중단에서 고수하는 '제로 수율' 기준을 준수하는 것에 대한 우려를 제기했다. 중국은 새로운 핵분열 물질 생산 없이 탄두 비축량을 최소한 2배로 늘릴 수 있는 충분한 핵 물질을 보유하고 있는 것으로 보인다.

생물 및 화학전에 대한 모호한 입장

중국은 생물무기금지협약(BWC) 및 화학무기금지협약(CWC) 준수에 대한 우려를 불러일으키는 잠재적인 이중 용도 응용 프로그램을 운영했고 생물학적 활동에 참여했다. 그러나 그들은 생물학 무기를 연구, 생산 또는 소유한 적이 없으며, 앞으로도 그럴 것이라고 일관되게 주장해왔다. 단지 중국의 주장은 국방에 필요한 방어적, 생물학적 기술만을 연구했다고 한다. 중국은 1984년에 생물무기금지협약에 가입했다. 미국무부의 2021년 4월 보고서인 '2021년 군비 통제, 비확산 및 군축 협정 및 약속 준수'에 따르면, 중국이 생물무기금지협약 제1조에 따른 의무와 관련해 우려를 제기하는 활동에 참여했다. 이 조항은 어떤 상황에서도 정당화되지 않는 유형 및 수량의 미생물, 생물학적 작용제, 독소를 개발, 생산, 비축 또는 획득하거나 보유하지 말 것을 요구한다. 예방적, 보호적, 평화적 목적뿐만 아니라 적대적 목적에서 독소를 사용하도록 설계된 무기, 장비 등도 마찬가지다. 미국은 또한 이 협약 제2조에 따라 중국의 과거 생물전과 관련된 프로그램을 취소했는지는 알 수는 없다고 한다.

미국은 중국이 1950년대부터 적어도 1980년대 후반까지 공격적인 생물전 프로그램을 보유했다고 평가한다. 중국은 1989년부터 매년 협약에 대한 신뢰 구축 조치를 자발적으로 제출한다. 그러나 중국의 신뢰 구축 조치 보고서에서는 공격적인 생물전 프로그램을 운영했는지는 밝히지 않았다. 또한, 공개적으로나 외교 채널을 통해 과거의 공격용 생물전 프로그램을 인정한 적도 없다. 만약 중국이 과거에 이러한 프로그램을 운용했다면, 아마도 탄저병, 콜레라, 전염병, 야토병 등의 원인 물질을 무기화했을 것으로 추정된다. 중국의 생명 공학 기반 시설은 일부 생물 작용제 또는 독소를 대규모로 생산하기에 충분한 것으로 알려져 있다. 중국은 군사과학원의 '미생물학 및 역학 연구소'를 바이오 국방 연구 시설로 선언했다. 중국은 생명공학 기반 시설을 지속해서 개발하고 관심 국가와도 협력을 추구한다.

중국은 1993년 1월 13일에 화학무기금지협약에 서명했다. 1997년 4월 25일에 화학무기금지협약을 비준했으며, 1998년 초기 선언문을 제출했다. 한때 당국은 공격 목적으로 소규모 화학무기 프로그램을 운영했다고 밝혔다. 그러나 1997년에 중국이 화학무기금지협약을 비준하기 전에 모든 프로그램과 연구 조직을 취소했고, 생산된 무기는 폐기됐다고 일관되게 주장해왔다. 중국은 또한 황산 머스터드, 포스젠 가스를 생산했을 수 있는 두 개의 과거 화학전 생산 시설을 공개하기도 했다. 1998년에는 화학무기금지기구(OPCW) 표준과 일치하는 화학물질 수출 통제 규정을 발표했다. 또한 '호주 그룹' 화학물질 관리 목록의 변경 사항을 반영하기 위해 화학물질 관리 목록을 지속해서 업데이트했다. 호주 그룹은 1984년 이라크의 생물학 무기 사용 이후 1985년에 세워진 비공식 국제기구다. 이 기구는 생물학 무기와 화학무기의 감시, 그리고 생물학 무기와 화학무기를 개발할 수 있는 기술을 통제하고 있다. 중국은 화학무기금지협약 준수와 화학무기금지기구가 수행하는 활동에 대한 지원을 계속해서 재확인하고 있다. 화학무기금지협약에 가입한 이후 중국은 수백 개의 이중 용도 시설을 공개했다. 그리고 수백 개의 시설 검사와 화학무기금지기구 주도 세미나를 주최했다.

그런데도 중국의 화학 시설 기반은 일부 화학 작용제를 대규모로 연구, 개발 및 생산하기에 충분한 것으로 보인다. 군 관련 연구소의 과학자들은 약제 기반 물질의 군사적 응용에 관심을 표명했으며, 잠재적인 이중 용도로 사용이 가능한 물질의 합성, 특성화 및 시험과 관련된 연구에 참여하고 있다. 또한, 군 의료 기관에서 수행된 연구에 참여한 연구자들에 따르면, 연구자가 수행한 다양한 종류의 강력한 독소를 식별, 시험 및 특성화한 작업이 의도된 목적에 맞는지에 대한 의문을 제기하기도 한다. 미국도 약제 기반 물질과 독소에 대한 중국의 관심에 대해 우려하고 있다. 미국의 입장에서는 중국이 이중 용도로 사용될 가능성이 있는 물질과 독소에 관한 연구에 대한 우려로 중국이 화학무기금지협약에 따른 의무를 이행했다고 인증하지는 않는다. 왜냐하면, 이러한 물질은 화학 무기 응용 분야에 유용하기 때문이다.

중국은 아마도 생물 및 화학전 작용제를 무기화할 수 있는 기술적 전문성을 보유하고 있을 것이다. 강력한 방위 산업과 미사일, 로켓을 포함한 수많은 재래식 무기체계는 생물 및 화학 작용제를 사용하는 데 적용될 수 있을 것이다. 중국은 생물 및 화학 작용제를 탐지하고 생물 및 화학 공격을 방어하는 데 필요한 기술 전문 지식, 군대 및 장비도 보유하고 있는 것으로 보인다.

우주는 미사일 경쟁에서의 핵심 영역

미·중 우주 및 미사일 경쟁은 플랫폼 중심의 경쟁에서 미사일 중심 경쟁으로 이동을 나타낸다. 미사일 중심 전쟁으로의 변화는 화력뿐만 아니라 무기 사거리가 전쟁에서 지배적인 힘이 됐다. 타격할 수 있는 거리의 증가는 멀리 볼 수 있는, 즉 먼 지역에 있는 적에 대한 정찰이 중요하다. 원거리의 적을 효율적으로 정찰하기 위해서는 인공위성을 활용하는 우주 기술이 필수적이다. 이 속에는 우주 자산의 생존성을 보장하고, 우주 기반 아키텍처를 재구성할 수 있는 능력도 포함된다. 여기에 더해 적이 아군 지역을 정찰하는 것을 거부하는 것도 매우 중요한 요소다. 상대방의 인공위성을 공격하는 등 적의 우주 기반 C4ISR 기능을 저하하기 위한 대우주 능력 또한 반드시 첨단화되어야 할 기술 분야인 것이다. 로버트 워크 전 국방부 차관은 이러한 미사일 중심 경쟁 역학을 '첨단 유도무기 경쟁'이라고 불렀다.

중국은 한동안 미사일 개발에 치중해왔다. 첨단 미사일은 중국이 해안에서 멀리 떨어진 목표물을 정확하게 공격할 수 있는 능력을 제공한다. 21세기 들어 중국의 군사력이 급성장하던 시기에 중국은 미국이 과거에 깨달았던 것을 알게 됐다. 장거리 전력 투사는 우주 기반 감시 및 정찰을 포함한 C4ISR이 필요하다는 것을 말이다. 우주 기반 C4ISR은 표적을 식별하고 전투 피해 평가를 수행하는 원격 센싱, 정밀 유도탄을 안내하는 항법 장치, 각 군의 작전을 연결하고 통합하기 위한 통신을 제공할 수 있다.

미사일 중심 접근 방식을 수행하기 위해 중국은 감시 및 정찰 정보를 핵심으로 삼고, 플랫폼 중심 군사 작전에서 '시스템 대 시스템' 작전이라는 새로운 개념을 개발했다. 감시 및 정찰 정보를 위한 시스템의 중요성을 인식한 중국은 정보 기술을 무기 시스템과 더욱 통합했다. 반대로 적의 경우는 정보 시스템 사용을 못 하게 하는 방안에 대해서도 고민했다. 이 틀에서 전쟁은 시스템 네트워크 간의 경쟁이며, 모든 시스템과 하위 시스템의 작동은 전체 시스템의 성능에 영향을 미친다. 하위 시스템들의 시너지 효과는 효과의 단순 합보다 더 큰 결과를 산출할 수도 있다. 정보 시스템이 제공하는 전장의 실시간 작전 상황은 부대들이 더 유연하고 잘 적응할 수 있게 만든다.

미·중 미사일 경쟁을 위한 중국의 군사 우주 프로그램은 두 가지 임무 영역으로 나눌 수 있다. 첫 번째 임무 영역은 '작전적으로 반응하는 우주'를 만드는 것인데, 이 속에는 발사체와 인공위성이 있다. 작전적으로 반응하는 우주는 미국 개념이다. 이 개념은 다양한 위성을 모든 궤도로 발사하는 능력과 위성의 위치를 빠르게 재구성하거나 추가하는 기능을 포함한다. 두 번째 임무 영역은 적의 우주 능력을 거부하는 대우주다.

우선, 중국의 발사 능력에 대해서 알아보자. 중국은 더 크고 더 많은 인공위성을 발사할 수 있는 차세대 액체 연료 발사체와 더 짧은 시간 내에 발사할 수 있는 소형 고체 연료의 도로 이동 발사체를 개발했다. 새로 개발된 액체 연료 발사체인 창정-5, 창정-6, 창정-7은 저궤도에 최대 25톤을 실어 올릴 수 있다. 정지 궤도에는 최대 14톤을 발사할 수 있는데, 이 속에는 다시 대, 중, 소형 버전으로 나뉜다. 이와 같은 새로운 모델이 추가됨에 따라 더 나은 이미지 해상도를 가진 더 큰 원격 센싱 위성을 발사할 수 있다. 창정-2, 창정-3, 창정-4 시리즈는 구식의 액체 연료 발사체로 2025년까지 점차 퇴역할 예정이다.

중국은 액체 연료 로켓만큼 강력하지는 않지만, 두 개의 고체 연료 로켓을 개발했다. 고체 연료 로켓은 발사 전에 연료를 공급할 필요가 없으며, 지상 차량으로 더 쉽게 운반할 수 있어 반응성과 생존력이 향상된다. 이 고체 연료 로켓 중 첫 번째는 창정-11이다. DF-31 대륙 간 탄도미사일(ICBM)을 기반으로 개발된 것으로 알려진 창정-11은 700kg의 탑재 하중을 궤도로 운반할 수 있다. 중국의 고체 연료 로켓 중 두 번째는 콰이저우(快舟) 발사체다. 이는 DF-21 중거리 탄도미사일(IRBM)을 기반으로 개발된 것으로 보고되며, 단 4시간의 준비만으로 300kg의 탑재 하중을 궤도에 운반할 수 있는 것으로 알려졌다. 현재 중국이 운용 중인 우주 발사 기지는 총 4개다. 이들은 각각 주천시(酒泉市), 태원시(太原市), 서창시(西昌市), 문창시(文昌市)에 있다.

[자료 5-7] 중국이 운용 중인 발사기지 4개소

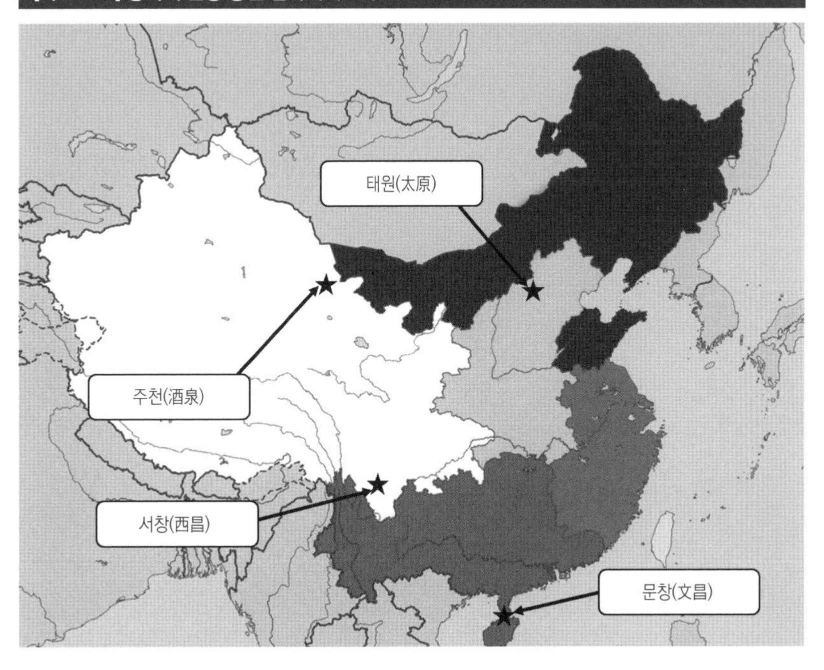

두 번째로 인공위성 프로그램에 대해 알아보자. 목표는 다양한 기능을 갖춘 점점 더 많은 수의 위성을 개발하고, 전 세계를 24시간 전천후 감시하는 것이다. 다양한 임무를 수행하기 위해 중국은 2000년부터 새로운 '원격 감지 위성'을 다수 출시했다. 원격 감지 위성이란 능동 센서 또는 수동 센서를 사용해 전자파의 수신에 의한 원격 관측이 주목적인 위성을 말한다. 여기에는 서브 미터 수준에서 매우 상세한 이미지를 제공할 수 있는 다양한 해상도의 위성과 덜 상세하지만, 더 넓은 영역의 시야를 제공할 수 있는 위성이 포함된다. 그리고 악천후와 야간용으로 합성 조리개 레이더가 있는 위성과 선박의 전자기 방출을 모니터링하기 위한 전자 지능 위성도 포함된다.

중국은 민간과 군사 통신 위성에 대한 병렬 프로그램을 추구하고 있다. 민간과 군사 통신을 위해 사용되는 위성의 수는 약 30개 정도 운용된다. 그중 국방 전용은 소수를 운영하고 있다. 중국은 국산 동팡홍-4 위성 버스(Satellite Bus)를 군사 통신 위성에 사용한다. 초기 인공위성은 임무 실패를 겪었지만, 동팡홍-4는 신뢰할 수 있는 위성 버스가 됐다. 당국은 계속해서 이 프로그램을 적극적으로 지원하고 있으며, 국내외 고객과 수많은 계약을 체결했다. 동팡홍-4는 외국과 많은 계약을 조율하면서 국제 통신 위성 시장에서 경쟁자로 자리매김했다. 중국은 노후화된 위성을 대체하고, 전체 위성 통신 대역폭, 용량, 가용성 및 신뢰성을 높이기 위해 새로운 통신 위성을 계속해서 개발하고 발사하고 있다.

2000년, 중국은 지역 위성 항법 시스템의 개발을 시험하기 위해 첫 번째 베이더우 위성을 발사했다. 2012년까지 중국은 10개의 베이더우 위성으로 구성된 지역 위성 항법 체계를 구축했고, 미국의 GPS와 유사한 글로벌 항법 체계 시험을 시작했다. 베이더우 위성이 계속 궤도에 배치됨에 따라 중국은 2020년까지 31개의 베이더우 위성으로 구성된 글로벌 항법 체계를 완성했다. 동시에 아시아 전역에 중복 적용 범위를 제공하는 별도의 지역 항법 체계 또한 유지하고 있다.

마지막으로, 중국의 대우주 프로그램에 대해 알아보자. 2007년에 중국은 기상 위성을 파괴하기 위해 요격 미사일을 사용했다고 확인해준 이후로, 새로운 프로그램의 존재를 공개적으로 인정하지 않았다. 그런데도 중국에서 가장 눈에 띄는 대우주 기술은 운동 에너지 요격체(KKV)로 보인다. 이는 대기권 밖 우주 공간의 고고도에서 목표물을 요격할 수 있다. 일반적으로 요격체에는 소형 측 추력기(Side Thruster)에 의한 코스 변경 자세 제어 시스템(DACS)이 장착되어 있다. 2007년 중국은 탄도미사일 방어(BMD) 시험에서 직간접적으로 직접 발사 능력을 개선하기 위해 5번의 시험을 시행했다. 이 경험을 바탕으로 중국은 GPS 및 통신 위성과 같은 더 높은 궤도의 위성을 위협하는 기술을 개발하고 있는 것으로 보인다. 2014년 7월에 시험한 위성 요격 미사일 시스템도 운동 에너지 무기에 대한 진전을 이뤘음을 보여준다. 이 외에도 특정 인공위성이 다른 인공위성과 충돌하도록 하는 근접 작전을 수행했고, 로봇 팔이 장착된 인공위성이 다른 인공위성을 제어할 수 있는 로봇 팔 기술 시험도 수행했다. 이 두 시험은 모두 임의의 위성에 물리적으로 접근 가능함을 보여주었다. 표면상으로는 인간 우주 비행 프로그램에 관한 기술을 시험하기 위해 수행된 것으로 보고됐다. 여기에 더해 중국은 레이저와 같은 지향성 에너지 무기를 개발하고 있다. 목적은 원격 감지 위성을 일시적 또는 영구적으로 무력화하거나 부품을 손상하기 위함이다. 중국은 우주 공간을 간접적으로 공격하는 방식인 미국 우주 시설에 대해 사이버 작전도 수행했다. 여기에는 2012년 미국의 제트 추진 연구소(JPL) 네트워크를 완전히 제어할 수 있는 것으로 평가된 공격과 2014년 미국 국립 해양대기청에 대한 2일간의 마비를 초래한 공격이 포함된다.

2015년 12월 31일에 창설된 전략지원군은 우주 및 미사일 경쟁 능력 관리에서 중요한 역할을 한다. 중국은 우주, 사이버 및 전자전 능력을 전략지원군으로 통합하면 '전략적 국경'에서 영역 간 시너지가 가능하다고 판단했다. 또한, 전략지원군은 지향성 에너지 및 운동 에너지 무기와 같은 신개념 무기의 연구 개발, 시험 및 전력화를 책임질 수 있다. 전략지원군의 우주 기능은 정찰, 항법 및 통신 요구 사항을 지원하기 위해 주로 위성 발사 및 운영에 중점을 둔다. 여기에는 중국의 선도적인 우주 발사 센터, 위성 관제 센터, 군의 정보 기관 중 일부가 포함된다.

세계 1위 우주 강국인 미국은 중국과 격차가 급격히 줄어들었지만,

우주 기술 분야에서 여전히 중국을 제치고 선두에 있다. 미국은 중국의 대우주 능력에 대응해서 다양한 방식의 전략을 개발하고 있다. 이 전략을 다섯 가지로 분류해보면 다음과 같다.

첫째, 중국과 마찬가지로 대우주 기술을 개발하는 것이다. 중국의 우주 확장에 대응해 미국이 개발 중인 우주 기술에 대한 정보를 찾기는 쉽지 않다. 그러나 미국은 과거에 여러 대우주 관련 기술을 개발했다. 1985년에 F-15 전투기에서 발사된 미사일로 퇴역한 위성을 파괴했다. 1997년에 적외선 레이저를 인공위성에 대해 시험해 레이저의 공격력을 모의했다. 2005년에는 궤도상 유지 보수를 시험하기 위해 XSS-11 위성을 발사했다. 이는 독점적 동일 궤도 대우주 능력을 보여주었다. 2008년에는 개량된 SM-3 미사일 요격체계를 사용해 인공위성을 파괴하면서 직접 발사 기술을 시연했다.

둘째, 중국의 대우주 능력에 대응해 인공위성의 복원력을 강화하려고 한다. 이를 위해 인공위성의 복원력이 더 높은 시스템 아키텍처로 변경하고, 우주 시스템에 대한 공격을 막기 위한 다층 접근 방식을 추구한다. 이러한 방식은 미국의 위성을 찾거나 잡기 어렵게 만들기 위한 것이다. 여기에는 더 적은 수의 더 큰 인공위성보다 더 작고 더 많은 인공위성 전략에 집중한다. 즉 기능을 분할해 다른 궤도에서 분산된 아키텍처를 구현하는 것이다.

셋째, 우주 전투 관리/지휘 및 통제(BM/C2)를 개선하는 것이다. 이는 미국의 인공위성이 적의 우주 자산에 대해 공격으로 싸워서 이길 수 있게 하는 것을 의미한다. 이 개혁에는 조직 및 기술 변화가 모두 포함된다. 조직적으로 2015년 10월에 국립 우주 방어 센터(National Space Defense Center)를 만들었다. 처음에 이 센터는 미군이 공격을 받는 경우 전투기가 우주에 대한 지원을 제공할 방법을 시험하기 위해 만들어졌다. 기관의 목표는 미국 위성 공격 시 누가 무엇을 어떻게 할 것인가를 결정하기 위해 군과 정보기관 간의 임무 책임을 명확히 하는 것이었다. 기술적으로는 스페이스 펜스(Space Fence)라고도 알려진 공군 우주 감시 S-밴드(S-Band) 레이더로 전투 관리/지휘 및 통제(BM/C2) 시스템을 개선하고 있다. 스페이스 펜스는 우주에서 감지할 수 있는 물체의 수를 20,000개에서 200,000개로 증가시켰다. 그리고 시스템 자체가 더 정확하고 더 적시적이고 더 정밀해짐에 따라 우주 상황 인식이 향상됐다. 단순히 물체를 감지하는 것에서 뛰어넘어 동시 감지, 추적, 물체 특성 분석 등의 기능을 제공하는 것으로 알려져 있다.

넷째, 중복성과 대응성을 높이기 위해 상업용 인공위성을 사용하는 전략이다. 미 국방부는 우주 발사 사업에 민간 사업자가 제공하는 저가 로켓과 더 작지만, 고성능의 소형 위성의 조합에 의존하고 있다. 지금까지도 미국은 상업용 인공위성을 활용해왔지만 앞으로 더욱 확대할 계획이다. 대표적인 예가 플래닛(Planet)사다. 이 회사는 하나의 질량이 4kg에 불과한 150개의 입방체 무리를 사용해 4~5미터의 해상도로 지구를 연속적으로 이미지화해 지구 표면의 변화에 대해 거의 실시간 정보를 제공한다.

다섯째, 동맹국과 협력을 늘리는 것이다. 예를 들어 일본과 미국은 중요 우주 시스템의 복원력과 상호 운용성을 강화했다. 앞으로도 두 국가는 우주 기반 위치, 향상된 공간 상황 인식, 해양 영역 인식을 위한 우주 사용, 우주 기술 연구 및 개발 등의 분야에서 협력 체계를 개선해 나갈 것이다.

한때 우주를 성역으로 간주했던 미국은 이제 적의 우주 자산에 대한 공격을 당연한 작전 개념으로 개발하고 있다. 그러나 국방 예산이 축소되는 시대에 이러한 새로운 개념의 작전을 수행하기 위한 기술을 개발하기는 쉽지 않은 현실적 문제가 있다. 미국의 국방비 축소에는 2011년 '예산 통제법'의 시행이 주요 역할을 했다. 예산 통제법은 1차적으로 연방정부의 재정 지출을 2012년을 시작으로 10년 동안 9,170억 달러를 삭감하는 것이 주요 내용이다. 이어서 위원회를 통해 2차적으로 1조 2,000억~1조 5,000억을 추가로 삭감하는 내용을 담고 있다. 따라서 미국은 우주전에 대비해 다른 우선순위에서 필연적으로 자원을 조정해야만 한다.

[자료 5-8] 미국의 국방비 증가 추이(2019년 고정가치)

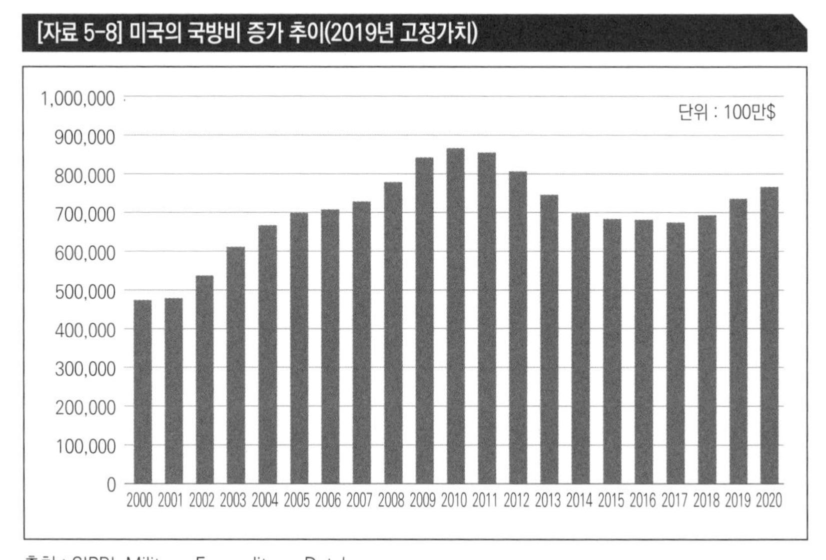

출처 : SIPRI Military Expenditure Database

중국 또한 미국과 마찬가지로 우주 기반 시스템을 사용하고 적의 자산은 거부하는 능력을 현대 정보화 전쟁의 핵심으로 간주한다. 그 결과 우주 군사화에 반대하는 공공연한 입장에도 불구하고 계속해서 군사적 우주 능력을 강화하고 있다. 우주 작전은 앞으로 전장의 필수 구성 요소로써 그 중요성이 커질 것이며, 군사 분쟁 중에 제삼자의 개입을 거부하는 행동을 가능하게 하는 미래전의 핵심 역할을 할 것이다.

약어정리

약어	한국어	영어
A2/AD	반접근/지역거부	Anti Access/Area Denial
AAM	공대공미사일	Air to Air Missile
ABS	자산유동화증권	Asset Backed Securities
ADMM-Plus	아세안 확대 국방 장관회의	ASEAN Defense Ministers' Meeting-Plus
AESA	능동형 전자주사식 위상배열	Active Electronically Scanned Array
AEW	공중조기경보	Airborne Early Warning
AIFV	기갑 보병 전투 차량	Armoured Infantry Fighting Vehicle
AIP	공기 불요 추진	Air Independent Propulsion
ALBM	공중발사 탄도미사일	Air Launched Ballistic Missile
ALCM	공중발사 순항미사일	Air Launched Cruise Missile
AMISOM	소말리아 아프리카 연합 사절단	African Union Mission in Somalia
APC	장갑차	Armored Personnel Carrier
APSD	아시아·태평양 안보 대화	Asia Pacific Security Dialogue
ASAT	대(對)위성	Anti-satellite
ASBM	대함 탄도미사일	Anti-ship Ballistic Missile
ASCM	대함 순항미사일	Anti-ship Cruise Missile
ASEAN	동남아시아국가연합	Association of Southeast Asian Nations
ASW	대잠수함전	Anti-submarine Warfare
AU	아프리카 연합	African Union
BM/C2	전투 관리/지휘 및 통제	Battle Management/Command and Control
BMD	탄도미사일 방어	Ballistic Missile Defense
BWC	생물무기금지협약	Biological Weapons Convention
C2	지휘 및 통제	Command and Control

약어	한국어	영어
C4ISR	지휘, 통제, 통신, 컴퓨터, 정보, 감시, 정찰	Command, Control, Communications, Computers, Intelligence, Surveillance and Reconnaissance
CCWG	위기 커뮤니케이션 실무 그룹	Crisis Communication Working Group
CIS	독립 국가 연합	Commonwealth of Independent States
CIWS	근접무기체계	Close-in Weapon System
CSBA	전략 및 예산 평가 센터	Center for Strategic and Budgetary Assessments
CWC	화학무기금지협약	Chemical Weapon Convention
DACS	자세 제어 시스템	Divert and Attitude Control System
DARPA	국방고등연구계획국	Defense Advanced Research Projects Agency
DME	재난 관리 교류	Disaster Management Exchange
DRAM	동적 메모리	Dynamic Random Access Memory
DSTI	국방 과학, 기술 및 혁신	Defense Science, Technology, and Innovation
EEZ	배타적 경제수역	Exclusive Economic Zone
EMRG	전자기 레일 건	Electromagnetic Rail Gun
FBI	연방수사국	Federal Bureau of Investigation
GDP	국내총생산	Gross Domestic Product
GLBM	지상발사 탄도미사일	Ground Launched Ballistic Missile
GLCM	지상발사 순항미사일	Ground Launched Cruise Missile
GSS	글로벌 감시 및 공격	Global Surveillance and Strike
HA/DR	인도적 지원 및 재난 구호	Humanitarian Assistance and Disaster Relief
HVP	초고속 발사체	Hyper Velocity Projectile

약어	한국어	영어
IADS	통합 방공 체계	Integrated Air Defense System
ICBM	대륙 간 탄도미사일	Intercontinental Ballistic Missile
IISS	국제전략연구소	International Institution for Strategic Studies
IMF	국제통화기금	International Monetary Fund
IPO	기업공개	Initial Public Offering
IRBM	중거리 탄도미사일	Intermediate Range Ballistic Missile
JAM-GC	글로벌 상식에서의 접근 및 기동을 위한 공동 개념	Joint Concept for Access and Maneuver in the Global Commons
JARM	합동 공격 로켓 및 미사일 시스템	Joint Attack Rocket and Missile
JPL	제트 추진 연구소	Jet Propulsion Laboratory
KEI	운동 에너지 요격	Kinetic Energy Interceptor
KKV	운동 에너지 요격체	Kinetic Kill Vehicle
LAC	실제 통제선	Line of Actual Control
LACM	지상공격 순항미사일	Land Attack Cruise Missile
LPAR	대형 위상배열레이더	Large Phased Array Radar
LPD	상륙수송선	Landing Platform Dock
LRDPP	장기 연구 개발 프로그램 계획	Long Range Development Program Plan
MAD	자기 이상 감지기	Magnetic Anomaly Detector
MARV	기동탄두 재진입체	Maneuverable Reentry Vehicle
MIRV	다탄두 각개목표설정 재돌입 탄두	Multiple Independently Targetable Reentry Vehicle
MLRS	다중 로켓 발사기	Multiple Launch Rocket System
MMCA	군사해양안보협력	Military Maritime Consultative Agreement
MOU	양해각서	Memorandum of Understanding

약어	한국어	영어
MRBM	준중거리 탄도미사일	Medium Range Ballistic Missile
NSC	국가안전보장회의	National Security Council
OPCW	화학무기금지기구	Organization for the Prohibition of Chemical Weapons
OTH Radar	초지평선 레이다	Over the Horizon Radar
PKO	평화 유지 작전	Peace Keeping Operation
PPP	구매력 평가	Purchasing Power Parity
RCS	레이더 단면적	Radar Cross Section
SAM	지대공미사일	Surface to Air Missile
SIA	선양 자동화 연구소	Shenyang Institute of Automation
SIPRI	스톡홀름 국제평화문제 연구소	Stockholm International Peace Research Institute
SLBM	잠수함발사 탄도미사일	Submarine Launched Ballistic Missile
SLOC	해상 교통로	Sea Lines of Communication
SRBM	단거리 탄도미사일	Short Range Ballistic Missile
SS	잠수함	Ship Submersible
SSBN	탄도유도탄 핵추진 잠수함	Ship Submersible Ballistic Nuclear
SSN	핵추진 잠수함	Ship Submersible Nuclear
THAAD	고고도 미사일 방어	Terminal High Altitude Area Defense
UAV	무인 항공기	Unmanned Aerial Vehicle
UN	국가 연합	United Nations
USTR	미국 무역 대표부	United States Trade Representative
UUV	무인 잠수정	Unmanned Underwater Vehicle
VLS	수직 발사 시스템	Vertical Launching System

중국 국방 혁신

초판 1쇄 2022년 7월 25일

지은이 김호성
펴낸이 서정희 **펴낸곳** 매경출판㈜
기획제작 ㈜두드림미디어
책임편집 배성분 **디자인** 노경녀 n1004n@hanmail.net
마케팅 김익겸, 한동우, 장하라

매경출판㈜
등록 2003년 4월 24일(No. 2-3759)
주소 (04557) 서울특별시 중구 충무로 2(필동 1가) 매일경제 별관 2층 매경출판㈜
홈페이지 www.mkbook.co.kr
전화 02)333-3577
이메일 dodreamedia@naver.com(원고 투고 및 출판 관련 문의)
인쇄·제본 ㈜M-print 031)8071-0961
ISBN 979-11-6484-431-9 93390

책 내용에 관한 궁금증은 표지 앞날개에 있는 저자의 이메일이나
저자의 각종 SNS 연락처로 문의해주시길 바랍니다.